透過雷射加工進化的工法轉換

金岡優　編著

U0080064

全華圖書股份有限公司

國家圖書館出版品預行編目資料

透過雷射加工進化的工法轉換 / 金岡優編著. --
　　初版. -- 新北市 : 全華圖書, 2017.02
　　　　面 ；　公分
　　ISBN 978-986-463-462-0(平裝)
　　1.雷射　2.金屬工作法
472.175　　　　　　　　　　　　　　106001839

透過雷射加工進化的工法轉換

作者 / 金岡優

執行編輯 / 李孟霞

出版者 / 全華圖書股份有限公司

印刷者 / 宏懋打字印刷股份有限公司

圖書編號 / 10460

初版一刷 / 2017 年 3 月

定價 / 新台幣 320 元

ISBN / 978-986-463-462-0 (平裝)

全華圖書 / www.chwa.com.tw

全華網路書店 Open Tech / www.opentech.com.tw

若您對書籍內容、排版印刷有任何問題，歡迎來信指導 book@chwa.com.tw

臺北總公司(北區營業處)
地址：23671 新北市土城區忠義路 21 號
電話：(02) 2262-5666
傳真：(02) 6637-3695、6637-3696

中區營業處
地址：40256 臺中市南區樹義一巷 26 號
電話：(04) 2261-8485
傳真：(04) 3600-9806

南區營業處
地址：80769 高雄市三民區應安街 12 號
電話：(07) 381-1377
傳真：(07) 862-5562

前言

存在於我們周遭的機械及機器等工業產品大多是由經過某些加工而製出的零件所構成。因而，若是構成零件的加工及組裝有困難的話，則影響工業產品的製造。具體而言，零件加工時採用的加工法會影響生產成本、作業時間、產品性能及產品可靠性等。此外，若是設計人員對加工方法沒有充分瞭解，而對構成零件過份指定精度，也可能造成加工困難。因此，要求機械設計人員除了具備機械要素及機械構造方面的知識之外，還須熟悉各種加工方法。

特別是近年來，在全球激烈競爭中不斷要求產品的競爭力，設計人員須不斷吸收新技術，並反映到機械設計上。雷射加工的加工方法較能因應這些設計人員的要求。要想將活用雷射的效果發揮到零件加工上，須充分瞭解雷射加工的特徵，並深入瞭解其應用的可能性。

但是，對於業務牽涉廣泛的設計人員來說，深入探討雷射加工全部相關知識，也存在著時間有限的事實。因而許多設計人員關於雷射加工的認識也只侷限在以雷射切斷取代轉塔式沖壓機，雷射焊接取代電弧焊接，雷射熱處理取代高頻淬火等，只是一些對現有加工方法加以取代的想法。如此一來，在零件加工上並不能充分發揮雷射加工的能力。

過去所出版關於雷射加工的書籍，幾乎都是針對雷射加工機操作人員的指導書，及針對學生或研究開發人員就雷射振盪器及加工現象的說明書。這些過去的說明書內容不足以讓設計人員在機械設計上學到所需的資訊。

另外，雖然雷射加工從正式普及起已經過約 30 年，然而充分瞭解其特徵，並希望積極應用者，只有使用雷射加工機的加工車間、以及生產線上裝配雷射加工機的企業中雷射加工部門的相關人員。但是，這些人擁有的豐富技術及經驗並沒有充分反饋到設計人員。

因而，深感有必要撰寫一份針對能將構想反映到機械設計上的設計人員專用雷射加工技術資料。本資料承蒙下列公司諸君贊同，並在實際運用雷射加工上提供許多建言，在此由衷表示感謝。

- AMIYA 股份有限公司
- 荒木製作所股份有限公司
- INSMETAL 股份有限公司
- 上野鐵工股份有限公司
- 倉敷雷射股份有限公司
- 高健雷射精機股份有限公司
- Fujii Corporation 股份有限公司
- PLECO 技研工業股份有限公司
- 前田工業股份有限公司
- MATSUMOTO 機械股份有限公司
- 三菱電機 ENGINEERING 股份有限公司

（按照日文字母順序）

本書依據著者的經驗與各公司提出的內容，在第 1 部中分項記載有助於設計人員在實踐上的雷射加工技術內容。另外在第 2 部記載深入瞭解雷射加工的基礎內容。受篇幅限制僅針對判斷為優先順序特別高的內容作記載。但是，瞭解到雷射加工是一種用途開拓正在發展中的加工法，因此，今後會適時依設計人員的要求繼續介紹最新雷射加工。希望本書能對產品設計人員及機械設計人員解決現存問題有所助益。

2016年3月

金岡　優

2　前言

透過雷射加工進化的工法轉換
－產品設計不可或缺的實踐技術－

目次

第3章 提高生產性

第4章 提高性能

第2部　深入瞭解雷射加工的基礎知識

第1章　基礎的基礎

第2章 切斷的基礎

第3章 焊接與熱處理的基礎

第 **1** 部

活用雷射加工的
工法轉換技術

第 1 章

降低成本

1.1 利用不同材料拼接改善性能與利用率

> 在最適當位置配置最適合的材料

過去工法

在**圖** 1-1-1 所示的中空板材形狀設計上，即使對產品各 4 個面的要求規格不同，通常考慮最大公約數，而假設選用同 1 種材料進行加工。結果，會造成板材形狀各 4 個面中的板厚及材質規格不足或過度。

此外，因為中空形狀中央部分的材料往往成為廢材，所以導致加工板材的利用率不佳，增加產品成本。

著眼點 & 效果

如**圖** 1-1-2 所示，先切割在中空形狀所需要的各 4 面不同的零件（A、B、C），將這些零件焊接成 1 個產品。假設該組成零件（A、B、C）的板厚不同、材質不同、表面處理不同等。

進一步在各零件焊接時採用雷射焊接，則焊接部受熱的影響小，可獲得高焊接強度。因而，被加工物為軟鋼或不銹鋼等時，焊接後也可進行沖壓成形加工。之所以可進行此種雷射焊接，是因為雷射切斷各零件時截面精度提高，且對接接頭的精度提高。板金剪切時發生在截面上方的崩角會導致對接接頭發生間隙，而無法進行良好的雷射焊接。因為雷射焊接可獲得無崩角的高截面精度品質，所以可進行良好的雷射焊接。再者如**圖** 1-1-3 所示，用雷射從素材切出 A、B、C 的零件形狀時，因為可有效配置該零件，所以可提高材料利用率。

習知的應用範例即**圖** 1-1-4 所示之汽車車體的不同材料拼接工法。是依所需的強度變更板厚，並依所需的耐腐蝕性變更鍍鋅材料種類。用於在各個部位配置最佳板厚、材質、強度、表面處理、成形性等的技術。如此，不同材料拼接可將各部位細緻地加工成最佳規格。不過，由於該方法的製程增加，若少量生產會增加生產成本，所以是以量產的產品為對象。

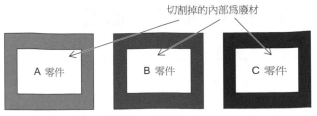

切割掉的內部爲廢材

A 零件　　B 零件　　C 零件

預設一片板材爲一個形狀加工

圖 1-1-1　爲過去設計的中空加工

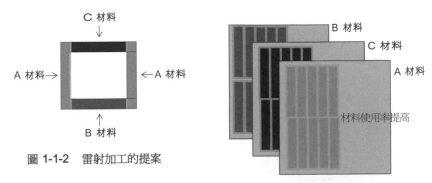

C 材料

A 材料→　　←A 材料

B 材料

圖 1-1-2　雷射加工的提案

B 材料
C 材料
A 材料

材料使用率提高

圖 1-1-3　有效地配置零件

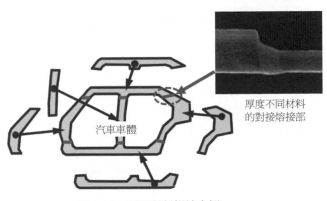

汽車車體

厚度不同材料
的對接熔接部

圖 1-1-4　不同材料拼接案例

POINT

減少從中空沖壓產生的廢材

改善板材的加工利用率

符合結構選用最適合材料做最佳配置

1.2 減少管構造中的零件數量

改善流體流動之管構造的生產性

過去工法

　　有數條供水或氣體等流體通過的管，需要將其固定的構造，通常如**圖** 1-1-5 所示，形成藉由固定夾具固定管的結構。設計、製造此種管構造產品的問題包括製程中管零件及固定夾具零件的管理、固定作業所需之作業時間增加，以及成品體積大、重量增加等。這都是起因於零件數量增加。

著眼點＆效果

需要具備此種供流體通過之數條管的構造中，可應用雷射焊接解決上述問題。

（1）喇叭管接頭焊接

　　利用雷射焊接具有非接觸加工，熔融寬度窄可深度焊入等的特徵，如**圖** 1-1-6 所示，可配合管之外周面進行喇叭管接頭焊接。不過，由於需要縮小接合面的間隙，因此要求管的外形尺寸精度。具備該條件時，因爲光焊接發揮作用管材的曲面形狀將雷射光引導至接合面，所以具有改善瞄準偏差餘裕度的效果。可以說管外周面的喇叭管接頭並接的焊接是更可發揮雷射焊接特色的接頭形狀。

（2）　隔板的 T 字貫穿焊接

　　還有一種如**圖** 1-1-7 所示在管內插入流體隔板，從管外側照射雷射光進行貫穿焊接的方法。插入管內之隔板端面形狀需要具有符合管材內面形狀的精度及提高接頭餘裕度的形狀，而開始雷射焊接時，管的內面用作固定隔板，幾乎不致發生熱變形。需要增加流體種類時，也可以增加插入之隔板數量的構造來因應。

（3）　液壓成形

　　圖 1-1-8 是以利用板金雷射焊接與流體加壓變形的液壓成形之成形方法。該製造方法是採用①重疊板，②利用雷射疊焊，③利用流體加壓的工序進行。是在雷射焊接後應用流體加壓的變形效果之加工方法。因而雷射焊接的接合部需要充分的焊接強度。因爲是藉流體成形的條件，所以無法適用於厚板的產品加工，不過開始適用在熱交換器等的薄板產品上。**圖** 1-1-9 顯示藉由液壓成形而形成雷射焊接之板厚爲 1mm 的不銹鋼之例。

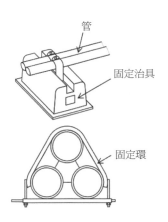

圖 1-1-5　流體管路固定案例

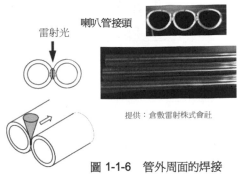

喇叭管接頭

雷射光

提供：倉敷雷射株式會社

圖 1-1-6　管外周面的焊接

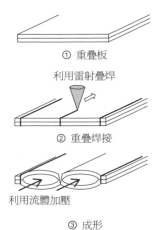

① 重疊板

利用雷射疊焊

② 重疊焊接

利用流體加壓

③ 成形

圖 1-1-8　雷射焊接和液壓成形

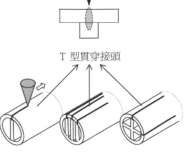

雷射光

T 型貫穿接頭

圖 1-1-7　隔板焊接

提供：倉敷雷射株式会社

圖 1-1-9　液壓成形的加工案例

POINT

喇叭吹氣口形狀接頭引導雷射

利用隔板分割通路

藉由流體加工形成管構造

1.3 改善雷射切斷時的材料利用率

過去工法

　　一般板金零件的切斷是採用從**圖** 1-1-10 所示之定尺材料的素材切成零件的方法。因為各零件間會產生餘料寬度，該餘料寬度屬於浪費部分無法用於產品，所以如何減少餘料寬度成為課題。雷射切斷時的餘料寬度寬依加工對象的板厚而異，板厚愈大餘料寬度需要愈大，所以導致利用率不佳。此外，愈是素材單價高的合金鋼，利用率不佳造成的影響愈大。再者，雷射切斷時，因為截面粗度、錐度、溶渣狀態等的切斷品質依切斷方向而異，所以需要保持固定的零件切斷方向。用率改善。

著眼點＆效果

　　目前的雷射加工機大幅改善了因切斷方向不同而產生的切斷品質差異，而進行以下所示的利利用率改善。

（1）　共用邊切斷

　　圖 1-1-11 是將切斷形狀的一邊與其他零件共用的切斷方法。因為 1 個切斷軌跡共用兩個零件的加工路徑而形成，所以餘料寬度減少。再者，因為雷射切斷的路徑長度及穿孔（開始加工孔的開孔）次數也減少，所以也可大幅減少加工時間。曲線形狀因為不產生相鄰零件共用的接合面，所以無法使用共用邊切斷，而由直線部構成的形狀是將直線距離長之邊配置於共用邊。**圖** 1-1-12 比較圖示形狀有無共用邊時的配置。利用率雖為 73.2％不過已改善成 89.7％。但是該方法須注意加工品切斷前加工品會傾斜，加工品可能會碰觸加工頭。因此須事前確認加工程序中的加工順序及加工方向是否正確。

（2）　　長條狀（Flat Bar）鋼板的切斷

　　圖 1-1-13 是利用與切成零件寬等寬的素材（長條狀鋼板）之加工方法。藉由長條狀鋼板與加工零件寬度相同，可縮短雷射切斷長度，再者，因為從素材端部開始切斷，所以具有減少穿孔次數的效果。

　　該方法之注意事項為需要精確進行長條狀鋼板與加工零件高精度的定位。此外，因為開始加工部位是從長條狀鋼板端面切入內部，所以切斷現象不穩定，截面粗度不佳。需要分別設定開始切斷部位與內部的切斷之條件。

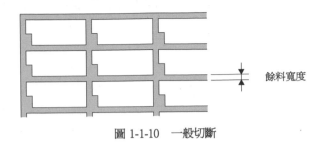

圖 1-1-10 一般切斷

相鄰零件使用共用邊切斷

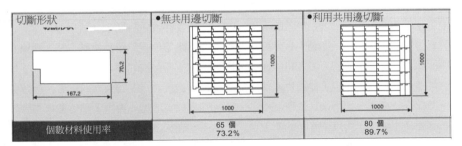

圖 1-1-11 共用邊切斷

圖 1-1-13 長條狀鋼板切斷

切斷形狀	●無共用邊切斷	●利用共用邊切斷
個數材料使用率	65 個 73.2%	80 個 89.7%

圖 1-1-12 共用邊切斷的效果

POINT
設計成切斷形狀的一邊與其他產品
符合素材寬的設計
採購符合設計產品寬的素

1.4 藉零件廢棄部分再利用改善利用率

提高利用率徹底排除損耗

提高從素材切出零件比率（重量比）的材料利用率是減少製造成本的一大主題。一般而言，切出零件對素材的配置，幾乎都是各零件保持一定間隔，且不重疊配置而排列。此時提高利用率的方法是儘量靠近零件使零件的配置角度旋轉而進入空餘空間，來檢討零件的分配。 著眼點＆效果

著眼點＆效果

對於這些利用率提高對策，以雷射精確切斷時，在從素材切出零件的廢棄部分也可輕易分配零件而切斷。該方法稱為零件廢棄部分再利用。

圖 1-1-14 中所示不考慮捨棄部分而另外配置小型零件與大型零件的程序例中，需要 2 片素材（500×800），材料利用率分別為 59.8%與 4.4%。

圖 1-1-15 是廢棄部分再利用而配置零件的程序例，素材僅有 1 片，且其材料利用率為 79.5%。廢棄部分再利用是從相當於大型零件內側之捨棄部分的區域切出零件，謀求提高利用率。雷射切斷因為可縮小切斷溝寬，零件間隔也窄，且零件的旋轉配置型式無限制，所以可有效在指定範圍內配置零件。

通常雷射切斷小型零件時，在切斷結束的同時，若使加工零件掉落，則下一個零件切斷中發生的熔融金屬會附著在掉落的零件上，而造成零件表面污垢。

為了防止表面污垢，如**圖** 1-1-16 所示，採用在切斷零件上預留微接點方式，匯集整板零件而保持在加工位置的方法。藉由在加工後同時取出所保持的匯集為整板之全部小型零件，可進行匯集作業，也可提高生產性。反之，預留微接點量受到板厚的影響，板厚愈大預留微接點量愈大，切斷後之預留微接點去除時的負擔也增加。再者，預留微接點因為在切斷端面產生突起，所以依產品的使用目的，還需要在後續的加工中除去（研磨）突起部分。

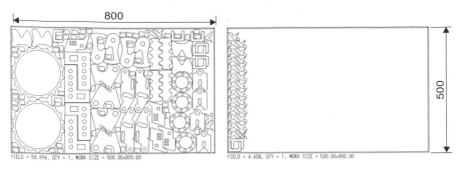

YIELD = 59.8%, QTY = 1, WORK SIZE = 500.00x800.00   YIELD = 4.40%, QTY = 1, WORK SIZE = 500.00x800.00

圖 1-1-14　將所有加工零件並排配置的案例

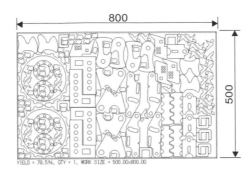

YIELD = 79.5%, QTY = 1, WORK SIZE = 500.00x800.00

圖 1-1-15　廢棄部分再利用而配置零件的案例

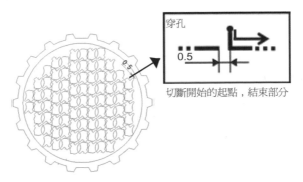

穿孔

0.5

切斷開始的起點，結束部分

圖 1-1-16　微接點的設定

POINT

也在廢棄部分輕易地分配零件

在指定範圍內有效配置零件

利用預留微接點整批同時處理

1.5 從切削零件替換成板金零件

過去工法

加工對象的全部尺寸要求精度時，切削加工一定是最佳的加工方法。但是，成品只局部要求精度時，就需要檢討利用材料成本及加工成本皆低廉的雷射實施板金加工。**圖** 1-1-17 所示生產要求高定位精度的法蘭接頭時（不是實際製造生產法蘭接頭）為例，整理將對應於切削加工的零件設計替換成以雷射加工進行板金零件設計時的基本構想。

孔的位置及真圓度要求高精度時，通常檢討如**圖** 1-1-18 所示的切削加工。但是，會發生加工時間長、加工成本增加、花費材料成本、品質管理負擔增加等的問題。對於這些問題，如**圖** 1-1-19 所示，是檢討將零件分割成數個進行加工。分割的各零件進行切削加工，最後焊接進行精加工。該檢討可縮小加工零件的切削範圍，可期待減少加工時間與材料成本。此外，與整個產品的品質管理做比較，加工工程較少的分割零件之品質管理容易。但是，為了確保孔定位精度，在最後階段加工的焊接時要求高精度。而雷射焊接較不易發生熱變形，可高精度接合。焊接之外進行機械性結合時，需再增加接頭切削加工的工程。

著眼點＆效果

圖 1-1-20 顯示全面運用雷射加工的情況。將構成部分從可雷射加工範圍內之板厚的標準規格板金及管來切割出零件，進行焊接結合。因為這個階段的焊接不需要高精度，所以也可使用電弧焊接。焊接加工而結合結束後，對於需要精度的孔位置及孔徑，以切削加工進行精加工，確保最後的高精度。若高精度切削的零件需要焊接加工時，焊接方法使用雷射焊接。理想的加工工程是優先考慮提高組裝作業效率與降低生產成本，最後再以加工進行精度調整的精加工方法，這也是一種疊層零件製造的思考方法。

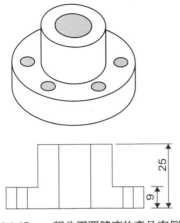

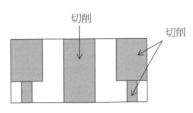

圖 1-1-18　全部為切削加工的案例

圖 1-1-17　一部分需要精度的產品案例

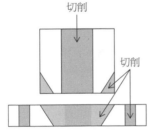

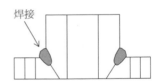

圖 1-1-19　切削加工和焊接的案例

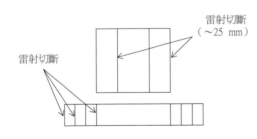

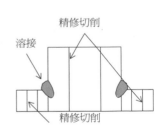

圖 1-1-20　使用於雷射切斷、焊接、精修的切削加工的案例

POINT

從切削加工替換成板金加工

雷射焊接不易發生熱變形接合精度

以最後加工進行精度調整的精加工方法

1.6 沖壓成形板金切斷時 剪切模具的減少

運用雷射精簡使用模具的工程數

過去工法

沖壓加工的立體成形品切斷所用的模具包括成形及開孔用等，加工對象形狀愈複雜，體積愈大，使用的模具愈多。批量大的產品重視生產效率，優先考慮模具加工，不過隨著近年來多品種少量生產及變種變量生產的要求增加，而從新檢討利用模具的生產方式。再者，以模具進行立體成形品的全部加工時，每次更換產品模型時都要準備模具，因而發生模具製造費用、交貨期、準備保管場所的問題。此外，產品模型型號更換後，還有需要長時間保管模具作為維修零件用的問題。

著眼點＆效果

利用這些模具進行修整及穿孔加工可替換成雷射切斷。**圖 1-1-21** 顯示在建設機械製程的切斷加工中，從過去利用模具的方法變更成雷射切斷方法的範例。加工範例為 20 噸級油壓挖土車的操作室前面板部的零件，也包含沒有圖示的零件，加工對象為板厚從 6mm 至 12mm 的軟鋼材料。將該沖壓加工工程中運用模具的製造變更成運用雷射切斷來製造，結果減少了 40%的模具費用 1）。

利用模具實施加工需要 6 種模具，但是在沖裁工程運用平面雷射加工機切斷，在概略成形、細部成形、穿孔工程運用 3 次元雷射加工機切斷，則減少成 3 種模具。再者，採用雷射加工機若事先保管各加工對象的加工軌跡資料時，當需要加工時可隨時叫出資料進行加工。模具保管問題也是，若為雷射加工機，生產結束後，只須保管加工資料與加工條件即完成再加工準備。

加工產品的局部模型更換也不需要設計模具，只須進行雷射加工用的 NC 資料編輯即可輕易因應。全模型更換可輕易製作使用成形用 3D CAD 資料的 NC 資料、及依據實際產品藉由教導方式製作 NC 資料。

油壓挖土車的操作室前面板部零件

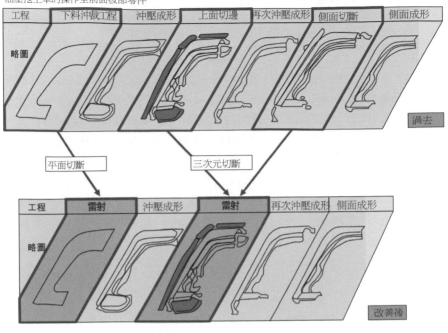

工程 | 下料沖裁工程 | 沖壓成形 | 上面切邊 | 再次沖壓成形 | 側面切斷 | 側面成形

略圖

過去

平面切斷   三次元切斷

工程 | 雷射 | 沖壓成形 | 雷射 | 再次沖壓成形 | 側面成形

略圖

改善後

圖 1-1-21　利用雷射切斷減少剪切模具

操作室前面板部

POINT

多品種少量生產及變種變量生產的要求增加

沖裁工程運用平面雷射加工機切斷

上面切邊、側面切邊、穿孔工程運用 3 次元雷射加工機切斷

複數個同時成形的零件切斷

　　3次元雷射加工機只要是在加工頭規格所決定的區域內即可連續加工成任意立體形狀。因而如**圖 1-1-22** 所示的圓弧型蓋板、及**圖 1-1-23** 所示的除雪機用蓋板的切斷例，可利用3次元雷射加工機對數個成形品同時加工。因為以一個擠壓成形模具同時形成數個零件後，以雷射切斷而分割，所以在成形模具與切斷模具的減少上發揮很大效果。
因為雷射切斷可以做寬度比較窄的切斷加工，所以即使並列配置數個成形品時，仍可縮小與一個成形品相鄰之成形品的間隔，改善生產時間與材料利用率。特別是圓弧型蓋板之例，因為一個擠壓成形對同一規格的4個零件施加均等的應力，所以提高成形精度的效果是可期待的。如此將同一產品使用的零件成套加工，也有助於零件的有效管理。

提供：株式會計 AMIKA　　　　　　　　　　　　　　提供：FUJI 株式會計

一體成形後分成四等份　　　　　　　　　　　　　一體成形後分成兩等份

圖 1-1-22　轉角部外蓋的加工案例　　　　**圖 1-1-23　除雪機用外蓋的加工案例**

第 2 章

品質改善

2.1 提高焊接精度

重視外觀及精度的高品質焊

過去工法

　　一般用作板金焊接的電弧焊接，是應用電弧放電產生的熱能，且包括 TIG 焊接及 MIG 焊接等。此外，也廣泛使用在 2 個電極之間夾著被加工物使其熔融而焊接的電阻點焊。但是，現有的方法其金屬熔融範圍廣，特別是薄板板金時會發生熱變形及焊接痕。因而重視外觀的產品焊接時，是在焊接後工程中修正焊接品質。

　　圖 1-2-1 顯示電阻點焊部的品質問題。特別是外裝板金的焊接部會殘留坑洞、及板金浮起的重大問題。

著眼點&效果

　　將微小光點聚光之高能密度雷射光應用於焊接的雷射焊接可獲得寬度窄、焊透深度控制性高的焊道。現有的焊接法是利用熱傳導的熔融現象，而雷射焊接的機制是以母材溶融穿孔焊接為主體。圖 1-2-2 顯示在板厚為 1.5mm 的不銹鋼對焊中，進行 TIG 焊接與雷射焊接時焊道截面的比較。TIG 焊接時被加工物表面的焊道寬寬達 3mm 以上，在板厚方向急遽減少，到背面時約為 1mm。此外，在焊道周圍產生大的熱影響層。另外，雷射焊接時被加工物表面的焊道寬約為 0.5mm，板厚方向也大致同寬，背面的焊道寬也為 0.5mm 的平行焊道。焊道周圍的熱影響層與 TIG 焊接比較雷射焊接極小。

　　圖 1-2-3 所示之鐵道車輛外裝板金的焊接例，過去電阻點焊之熱影響（焊接痕）表現在板金外觀，其創意性成為課題。而雷射焊接因為焊道寬度窄且焊道深度可任意設定，所以熱影響的痕跡小。因此目前對車輛用外裝板金的焊接是以雷射焊接來取代電阻點焊。此外，如圖 1-2-4 所示，藉由①點狀、②線狀、③圓弧狀、④鋸齒狀等掃瞄型式來調整雷射光的照射路徑及焊接面積，可將接合的焊接強度輕易地最佳化。

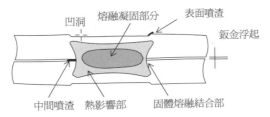

圖 1-2-1 電阻點焊部的課題

① TIG 焊接

② 雷射焊接

圖 1-2-2 焊道斷面的比較

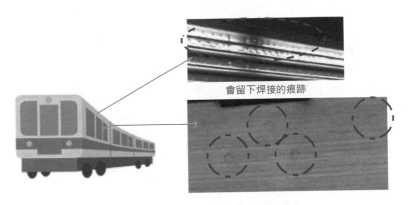

會留下焊接的痕跡

圖 1-2-3 鐵道車輛內裝、外裝鈑金的焊接案例

① 點狀　② 線狀　③ 圓弧狀　④ 鋸齒狀

圖 1-2-4 雷射光的動光掃描模式

POINT

儘量減少熱變形的影響

平行焊道的效果

配合必要強度自由的掃瞄型式

2.2 薄板焊接、不同材料焊接、板厚差異焊接

解決熱傳導型焊接的問題

過去工法

電弧焊接時，在焊接池（熔融池）中金屬熔融的對流現象顯著影響被加工物的熔融現象。例如因熔融池的擴大，受到重力，表面張力及電弧壓力影響，使焊道的品質惡化。此外，因為電弧焊接的原理是熔融池之熱傳導至被加工物內的熱傳導型焊接，所以發生以下所示的焊接不良（**表 1-2-1**）。

①重疊板厚薄的被加工物而焊接時，因熔融池的表面張力產生收縮，而在焊道中產生破孔造成焊接不良。

②將熱傳導率及熔點不同的材料對焊時，被加工物的熔融速度產生差異，而在熔融區域產生偏差變異造成焊接不良。

③將板厚不同的被加工物（板厚差異材料）對焊時，因為熱容量小的薄板比厚板先熔融，所以在熔融區域產生偏差變異造成焊接不良。

著眼點&效果

雷射焊接時，因為雷射的能密度高，被加工物的雷射照射部分瞬間加熱至蒸發溫度以上，而形成深的小孔。在小孔內之小孔內壁面及底部，藉由雷射多重反射而被吸收。雷射焊接使該小孔移動，熔融金屬流入小孔部分，然後凝固而形成焊道。此外，在小孔周圍也存在藉由熱傳導而熔融擴散的範圍，不過該範圍狹窄。該小孔型的焊接，如**圖 1-2-5** 所示以同一輸出的脈衝與 CW 的焊道比較，脈衝條件為熱影響更小的焊接，且具有以下特徵（**圖 1-2-6**）。

①即使薄板重疊焊接，因為是熔融池小的小孔焊接，所以不產生熔融金屬的收縮。

②即使是熱傳導率及熔點不同的材料對焊，各種材料仍可同時小孔焊接。

③即使是熱容量不同的差厚材料對焊，對接面仍可同時小孔焊接。

由於雷射焊接這些特徵，不銹鋼薄板時，可進行 0.1~0.3mm 的重疊焊接。此外，也有報告說使用連續（CW）與脈衝的重疊波形時，可進行 20～100 μm 板厚的焊接 2）。不同材料焊接如軟鋼與不銹鋼及鋁與銅等的雷射焊接、板厚差異材料的焊接已知有應用在汽車不同材料拼接的例子。

	焊接內容			焊接現象
薄板焊接	熔融		極薄板的疊焊	焊接部發生熔損現象焊道產生孔
異種材焊接	低熔點材料或是低熱傳導率	熔融	高熔點材料或是高熱傳導率	低熔點以及低熱傳導率材料側會先熔融產升熔損現象
差厚材焊接	厚板	熔融	薄板	薄板側的熔融範圍擴大後發生熔損

表 1-2-1 在熱傳導型焊接中較難的焊接

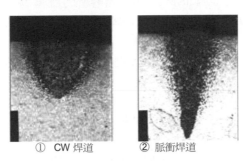

① CW 焊道 ② 脈衝焊道

圖 1-2-5 脈衝和 CW 的焊道

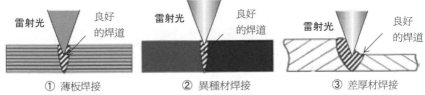

① 薄板焊接 ② 異種材焊接 ③ 差厚材焊接

圖 1-2-6 透過雷射的小孔型焊接

POINT
電弧焊接的焊接原理為熱傳導至被加工物內的熱傳導
雷射焊接的焊接原理為使母材溶融小孔移動
脈衝條件可進行熱量輸入更少的焊接

2.3 孔加工時的程序指定

　　設計程序提高加工精度

過去工法

　　評估板金上孔加工性能的其中一個是可加工的最小孔徑。雷射切斷的孔加工可達到板厚尺寸之1／4程度的直徑尺寸（板厚為12mm時，直徑為3mm，板厚為25mm時直徑為6mm），所以在過去鑽孔加工困難的用途上可使用雷射加工。以雷射進行孔加工是從穿孔位置朝向外周形成穿孔線後，進行外周的切斷。從該穿孔線進入外周的部分也成為孔加工的終端部，雷射切斷結束後會產生突起（**圖** 1-2-7）。雷射切斷的圓孔及長孔形狀中加工終端部的突起會發生與①插入的零件及②內部滑動零件干涉之不良情況（**圖** 1-2-8）。

　　為了防止該加工終端部的突起與進入內部的零件干涉之不良情況，在雷射切斷後採用削除突起部分的方法。但是，增加該切削工程會造成產能降低。

著眼點&效果

　　孔加工中產生終端部突起的原因，為對雷射光的運動軌跡，雷射光聚光點徑及熔融作用有關。以無法避免發生終端部突起作為前提，是藉由將發生突起部分的加工軌跡（切斷程序）予以最佳化，儘量減少影響，可防止此種不良情況。

圖 1-2-9①的方法為穿孔線加工從孔外周更向外側切入，然後繼續返回外周位置進行外周切斷。該對策的原理是預先除去發生突起的部分。不過，因為形成缺口形狀，所以無法適用於擔心應力會集中在該部分的構造。其切入量依加工對象的板厚而定，不過通常設定的切入量約為 0.1~0.3mm。此外，②是在切入位置進行小孔徑的孔加工範例，亦可獲得同樣效果。

　　圖 1-2-10 的方法是在長孔中設計滑動機構時，使滑動的零件與終端部突起碰觸的位置為最小。將設定在一般位置之穿孔線位置①設定在外周直線部分與兩端圓弧部分的邊界位置②，或是設定在圓弧部分的位置③。藉此，插入零件在滑動中不致與終端部突起接觸，僅在插入零件的滑動到達長孔端的階段才與終端部突起接觸，所以干涉的影響變小。

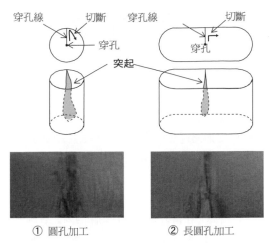

① 圓孔加工　　② 長圓孔加工

圖 1-2-7　加工結束部分的突起

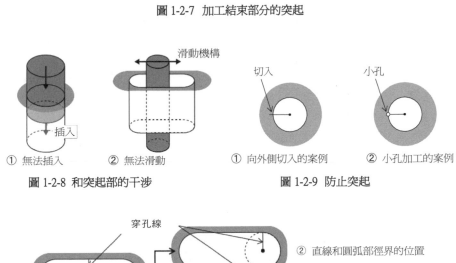

圖 1-2-8　和突起部的干涉　　　**圖 1-2-9　防止突起**

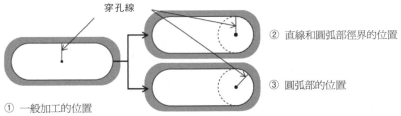

圖 1-2-10　最適合穿孔線的位置

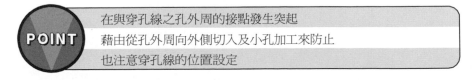

POINT

在與穿孔線之孔外周的接點發生突起

藉由從孔外周向外側切入及小孔加工來防止

也注意穿孔線的位置設定

2.4 折彎曲加工時的變形問題
改善殘留應力造成的變形

雷射切斷是使用在微小點徑聚光的高能量密度熱源使被加工物熔融的熱加工。
圖 1-2-11 顯示切斷部的截面，圖 1-2-12 顯示發生於切斷中之切斷溝周圍的溫度變化分布
坡度印像圖。因為雷射切斷的切斷溝寬窄，所以對整個被加工物的熱量輸入少，熱變形
亦小。但是，切斷溝寬窄時，反之會形成切斷面附近急速加熱，而朝向被加工物內部急
速冷卻的狀態。結果如圖 1-2-13 所示，在切斷面附近產生拉伸的殘留應力，其內側產生
壓縮的殘留應力 2）。

該切斷溝周圍產生之殘留應力，在雷射切斷後於切斷面附近實施彎折加工時產生大
的變形。具體而言如圖 1-2-14 所示，將切斷部附近的端面彎曲 90 度時，會產生圖示之
凹形形狀的變形。但是，離開受切斷部熱影響一定之距離的地方做彎折時，不產生該變形。

著眼點&效果

因為該變形由殘留應力造成，所以因應對策方法是採用減少雷射切斷時的入熱量，
或是除去產生的殘留應力。

（1）減少入熱量

①選擇可縮小雷射聚光點徑之短焦點透鏡的加工條件。如此，因為切斷溝寬變小可進行
高速切斷，所以減少對被加工物的入熱量。

②選擇比二氧化碳雷射之波長 10.6 μm 小一位數的波長 1.07 μm 之光纖雷射，其聚光性高，
金屬材料的射束吸收性高。因而，切斷溝寬變小可高速切斷，減少對被加工物的入熱量。

（2）除去殘留應力

①有時藉由對產生殘留應力的雷射切斷零件施加另外的殘留應力，可減少彎折加工時產生
的變形。施加該另外殘留應力的方法包括噴小剛珠處理及通過整平器施加壓縮應力。
另外，需要注意進行噴小剛珠時零件表面狀態會改變。

②進行雷射切斷前，藉由將板金坯料通過整平器，事前施加壓縮的殘留應力，可減少雷射切斷時產生殘留應力的影響（圖 1-2-15）。

利用以上方法可將彎曲加工時的變形量從 1／2 降低至 1／3。

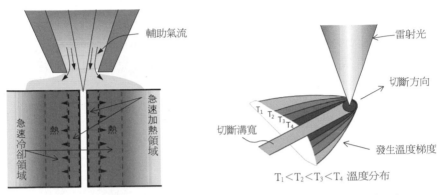

圖 1-2-11 切斷部的斷面

$T_1 < T_2 < T_3 < T_4$ 溫度分布

圖 1-2-12 切斷溝周圍的溫度分布

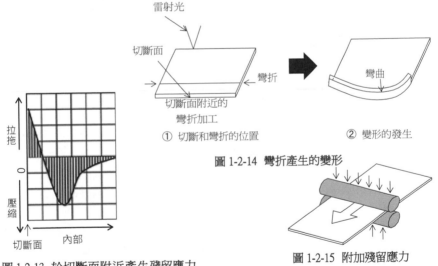

圖 1-2-13 於切斷面附近產生殘留應力

圖 1-2-14 彎折產生的變形

圖 1-2-15 附加殘留應力

POINT

因切斷溝周圍的殘留應力產生折彎曲變形

減少入熱量降低變形

施加壓縮應力降低變形

2.5 改善齧食切斷面的品質

解決轉塔式沖孔機過沖的問題

過去工法

轉塔式沖孔壓機（TPP）的加工如**圖 1-2-16** 所示因上模過沖而發生齧食切斷面痕跡，並因上模與下模的剪切作用而發生突起狀毛刺。這些突起會造成裝配作業人員及產品使用者受傷，需要採取安全上的措施。通常圖面指示不得有毛刺時，是在轉塔式沖孔機加工後，利用研磨等除去齧食切斷面痕跡及毛刺。

板金的切斷是朝向自動化進行中，不過該毛刺清除是採用人工作業的關係，因此造成生產性降低。

著眼點&效果

因為雷射切斷以任意軌跡連續熔融，從切斷溝排出熔融金屬實施加工，所以不產生齧食切斷面痕跡（**圖 1-2-17**）。轉塔式沖孔機的切斷面雖然明確劃分成剪斷面與斷裂面，不過雷射切斷面僅殘留熔融金屬流動的後拖線切斷痕跡。但是，須瞭解被加工物的板厚愈大，雷射切斷面的面粗度愈差。

雷射切斷的輔助氣體使用氧氣或氮氣。使用氧氣加工時，因為黑鐵材料的切斷現象利用氧化反應，所以可快速切斷厚板，不過切斷面會產生氧化膜。進行雷射切斷面的焊接及塗裝時，需要先除去切斷面的氧化膜。使用氮氣加工主要在切斷不銹鋼，可在切斷面無氧化狀態下做切斷。在開發該技術的當初由於氣體成本高，因此用途限定在食品機械及化學工廠用裝置等部分零件加工上。但是，目前因高功率振盪器的開發可做高速切斷，因而輔助氣體成本降低，不鏽鋼切斷時幾乎都使用氮氣。

雷射切斷面上雖然會發生錐度，不過藉由控制光束的聚光特性，即可確保重現性高的錐度。利用該精度高的雷射切斷面錐度，亦可應用於與機械加工零件的嵌合構造（**圖 1-2-18**）。

雷射切斷中，會發生從切斷溝排出之熔融金屬附著在被加工物背面的溶渣。在加工的初期狀態並無溶渣發生，之所以隨著加工的進行而發生，是因為光學零件保養不徹底造成聚光特性變差。

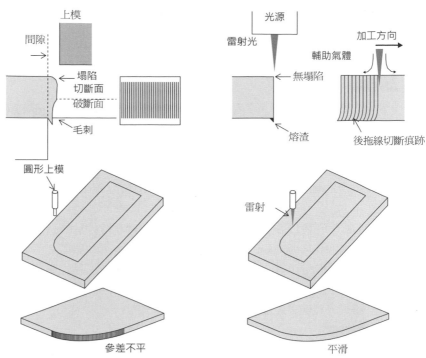

圖 1-2-16 使用沖孔機加工的切斷面

圖 1-2-17 使用雷射加工機加工的切斷面

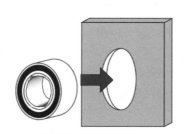

培林以及固定梢的固定

圖 1-2-18 利用椎度來進行嵌合

POINT

因上模過沖而產生蠶食切斷痕跡

因上模與下模的剪切作用而發生毛刺

以任意軌跡連續熔融的雷射切斷加以改善

2.6 補正尺寸精度時注意事項

以偏位修正路徑提高精度

過去工法

對預定的加工軌跡程序，可在現場 NC 裝置側調整（偏位 OFFSET）掃瞄雷射光的路徑。使用該偏位功能修正雷射切斷之零件的尺寸精度。如**圖 1-2-19** 所示，對圖面的指定尺寸 L1，將雷射光的掃瞄路徑設定在 L1 上時，加工尺寸為減少切斷溝寬 W 的 L2（L1－W）。需要使這一邊變小的 W／2 向外側移位來調整（偏位）路徑而切斷。因為基本上可設定在一個連續路徑上的偏位值是一個值，所以須考慮在指定公差不同的位置也設定均等的偏位值。

　　圖 1-2-20 之①所示加工形狀之例，係對 A 指定±a，對 B 指定±b，對 C 指定±c 的公差。因為設定之偏位值均等的設定成圖面尺寸（A、B、C），所以對加工形狀的全部邊進行雷射光通過路徑的均等微調（同一偏位值）。但是②所示加工形狀之例，對 A 指定的公差僅限定於＋a 的一個方向。因為切斷溝寬大小偏差（在±間變動）的調整基本上藉由偏位來修正路徑，所以不能僅對 A 邊尺寸只在＋（正）側調整。

著眼點&效果

　　設計人員需要考慮雷射切斷時，一條路徑上為一個偏位值的原理進行圖面設計。此外，進行加工人員需要依設計圖面指定的公差變更適合雷射切斷的加工程序。而在整個加工形狀上，可以同一個偏位值調整切斷溝寬的偏差。具體而言，如○3 所示，為了使設定偏位的中心與圖面尺寸基準相同，將 A 之公差的 0 與＋a 的中心值加入圖面尺寸而成 A＋a／2。其他尺寸 B 與 C 因為是公差的中心，所以將原來之值輸入加工程序中。

　　藉此，即使是一條路徑上僅可以相同偏位值加工的雷射加工機仍可精確加工。此外，因為切斷溝寬產生錐度，以更高精度加工為目的時，指定尺寸或指定公差時需要指示板金零件的上部精度或下部精度。

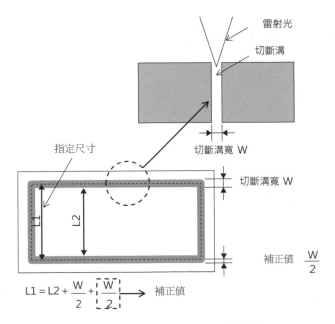

切斷溝寬 W

指定尺寸

補正值 $\dfrac{W}{2}$

$$L1 = L2 + \dfrac{W}{2} + \boxed{\dfrac{W}{2}} \longrightarrow \text{補正值}$$

圖 1-2-19 雷射切斷溝寬和加工尺寸的關係

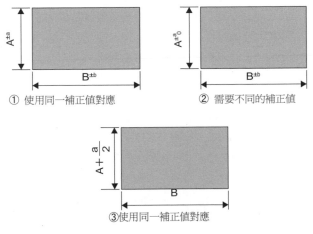

① 使用同一補正值對應　　　② 需要不同的補正值

③使用同一補正值對應

圖 1-2-20 指定尺寸和補正值的關係

POINT

指定尺寸需要考慮切斷溝寬

整條路徑均勻調整偏位

設定公差時反映偏位的原理

2.7 建議採用貼膜不銹鋼

> 應用同時加工改善品質

過去工法

由於雷射切斷是熱加工，因此不適用於加工部受到熱影響會發生問題的加工。一種方式是採用貼膜不銹鋼切斷。貼膜可防止不銹鋼零件切斷或彎曲加工中，在零件表面造成傷痕。

然而，雷射加工於切斷或穿孔中，雷射光照射部分的材料溫度上昇，而使貼膜與母材的接著力降低。與雷射光同時從噴嘴噴出的輔助氣體從附著力降低的部分侵入貼膜與不銹鋼的間隙，而使貼膜從不銹鋼剝離（**圖** 1-2-21）。也可能膨脹的貼膜干涉加工頭而使加工停止。此外，需要同時切斷背面附加的貼膜時，則會發生被雷射熔融的金屬變成溶渣而附著在背面的問題。

著眼點&效果

最近，隨著雷射加工技術進步，也進行雷射用貼膜的研究，謀求改善耐熱性及接著性，大幅改善了雷射切斷中表面的剝離。**圖** 1-2-22 是雷射切斷附加板厚為 1mm 之貼膜（表面）不銹鋼的樣品。邊緣部及小窗部周圍等容易受到熱影響的部分，雖然貼膜之熔融範圍稍微擴大，但是整體而言貼膜不致剝離，切斷情況良好。但是，需要注意切斷速度降低之厚板的切斷時，被加工物的溫度上昇，貼膜容易剝離。同樣的，背面貼膜也進行材質研究，因而減少了溶渣產生量。與表面貼膜比較，背面加貼膜材料的加工困難，不過溶浮渣的發生比過去大幅改善。

另外，需要注意貼膜材質的選擇。氯乙烯樹脂製的貼膜護板受到雷射切斷的熱而分解，會產生氯氣而造成加工機生鏽。再者，如**圖** 1-2-23 所示，被雷射切斷的零件，其切斷端面（上部）會殘留少許接著層的熔融物。使用在加工對象為創意零件等會讓切斷端面外露的用途時，需要除去該殘留的熔融物。

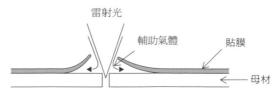

圖 1-2-21 貼膜剝離的原理

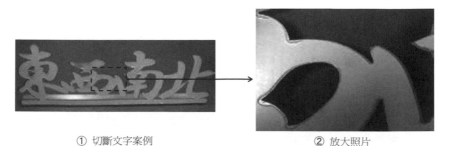

① 切斷文字案例　　　　　　　　　② 放大照片

圖 1-2-22 雷射切斷的案例

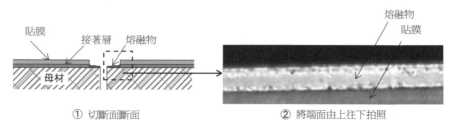

① 切斷面斷面　　　　　　　　　　② 將端面由上往下拍照

圖 1-2-23 熔融物的殘留

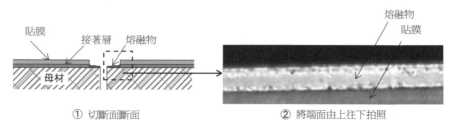

POINT

雷射用貼膜的普及

高速切斷條件是高品質的基本

氯乙烯樹脂製時要注意

2.8 減少切斷時的翹曲

減少加工中因應力而變形

過去工法

以轉塔式沖孔機進行多孔加工時，會發生如**圖** 1-2-24 所示之被加工物的翹曲。特別是孔與孔的間距愈小，發生的翹曲愈大。此因沖孔加工時會對材料施加剪切力與彎曲應力，而在材料內產生殘留應力。為了減少該翹曲量，採取的對策是檢討下模形狀，或調整壓板力量等，不過稱不上是完善的對策。

著眼點&效果

以雷射切斷進行該加工可大幅減少翹曲（**圖** 1-2-25）。以二氧化碳雷射切斷板厚為 1mm 的不銹鋼時，可以約 0.2mm 的溝寬熔融，以約 10m／min 的切斷速度進行加工。因為熔融的金屬藉由輔助氣體很快從切斷溝排出，所以被加工物的溫度幾乎不致上升。此外，發生在切斷溝周圍之熱影響層的範圍很小。輔助氣體包括使用低壓氧氣的切斷方法、及使用高壓氮氣的切斷方法。使用高壓氮氣的切斷方法可進一步提高藉由雷射而熔融之金屬從切斷溝排出的速度，所以可使被加工物的溫度更不易上升。

此外，雷射輸出的振盪形態包括連續振盪方式與光束反覆 ON 與 OFF 的脈衝振盪方式（**圖** 1-2-26）。為了對金屬入熱量更少，是採用脈衝振盪方式進行加工。

金屬切斷用的雷射振盪器包括二氧化碳雷射與光纖雷射。光纖雷射的波長為 1.07 μm ，且為比二氧化碳雷射之波長 10.6 μm 小一位數。該短波長具有提高金屬材料之光束吸收率的特性，與聚光點徑小的特性。因而，光纖雷射比二氧化碳雷射可以高能密度且狹窄溝寬進行加工，板厚為 1mm 之不銹鋼加工時，切斷速度約為 30m／min（二氧化碳雷射的 3 倍）。

藉此，光纖雷射切斷比二氧化碳雷射可使在切斷中發生的翹曲更少。

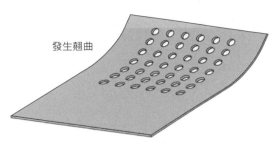

發生翹曲

圖 1-2-24 使用轉塔式沖孔機加工

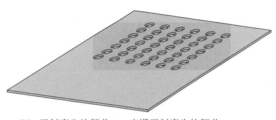

CO_2 雷射產生的翹曲 ＞ 光纖雷射產生的翹曲
連續發振產生的翹曲 ＞ 脈衝發振產生的翹曲

圖 1-2-25 使用雷射加工機加工

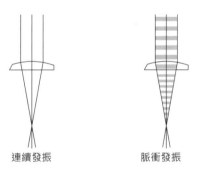

連續發振　　　　　脈衝發振

圖 1-2-26 雷射輸出的發振形態

2.9 立體成形品的高精度切斷

解決累積精度惡化的問題

過去工法

不少板金的立體成形品需要高精度冲壓加工。例如需要對加工孔安裝軸桿的立體成形品加工時，孔的直徑及定位要求高精度。對於此種加工目的，而在平板上進行孔加工，然後進行彎曲加工時，孔的直徑精度會受到彎曲加工時產生之應力的影響，此外，孔的位置精度受到彎曲加工之角度與位置精度的影響。圖 1-2-27 顯示需要在立體成形品的兩個孔加工部分安裝軸桿的產品例。如圖 1-2-28 所示，平板狀態下（1）進行孔加工後，（2）進行彎曲加工時，孔精度惡化軸桿安裝困難。此種加工是因為要達到指定鉸孔公差比較困難。特別是彎曲加工的工程愈多，確保孔位置精度愈困難。

著眼點&效果

三次以 3 次元雷射加工機切斷，是在全部彎曲加工完成的最後階段進行孔加工，可排除在彎曲加工時精度惡化的因素來進行加工。亦即，立體成形之被加工物不論成形精度如何，僅藉由立體雷射加工機具備的機械性精度及動態精度，即可決定孔加工精度（圖 1-2-29）。因為採用非接觸加工，所以即使被加工物的板厚薄，仍可在加工中不致變形而切斷。再者，可六軸控制的 3 次元雷射加工機亦可追加管加工用軸，可進行管成形品的高精度立體加工。

不過，利用 3 次元雷射進行加工的問題是，加工部對被加工物之基準位置的相對位置決定困難。在指定位置進行孔加工之前，需要將立體成形品的基準位置設在 雷射加工機上，以該基準位置為起點來指定加工位置。基準位置的測定或決定困難時，在將被加工物固定在加工機上的階段，也包含基準位置以雷射切斷，並以相同座標系連續進行孔加工，即可確定其位置關係。

3 次元二氧化碳雷射加工機的切斷用加工頭有兩種類型，分別是用於高速切斷加工對象之凹凸尺寸比較小的形狀之一點指向型加工頭；及即使是深拉延零件仍可輕易切斷的偏置(OFFSET)型加工頭。需要依各個用途來區分使用。

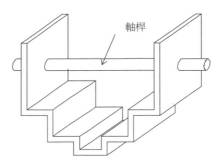

圖 1-2-27 有組合精度需要的加工案例

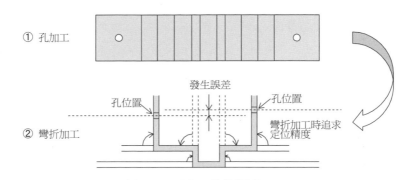

① 孔加工

發生誤差

孔位置 孔位置

② 彎折加工

彎折加工時追求定位精度

圖 1-2-28 孔加工後的彎折加工

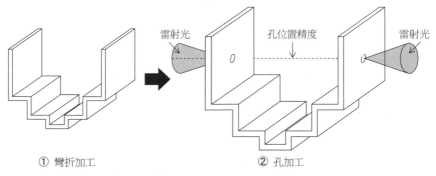

雷射光 孔位置精度 雷射光

① 彎折加工 ② 孔加工

圖 1-2-29 彎折加工後的孔加工

POINT

在彎曲加工後再切斷以確保孔加工精度

採用非接觸加工防止薄板的加工變形

一點指向型加工頭與偏置型加工頭

2.10 建議採用管材支架構造

解決複雜困難的接頭加工問題

過去工法

維持剛性且輕量化為目的之構造體的設計，如**表**1-2-2 所示，依高強度與高剛性的特徵檢討管材構造。但是，實際製造中，管接頭部之切斷及焊接加工困難，加工工程多須仰賴技術熟練者進行人工作業，所以耗費許多作業工時及作業時間。具體而言，接頭的加工精度會產生 5~10mm 程度的誤差，或焊接時構造體的精度維持困難，需要以固定夾具實施管理及修正作業等。此外，著眼於材料單價時，因為管材料成本高，導致採用管材支架構造不普及。

著眼點&效果

因為雷射加工不需要模具及刀具，也幾乎不產生毛邊及溶渣，可進行高精度加工，所以不需要二次工程（後處理）。雷射加工頭可藉由 NC 裝置對管的外面高速控制任意角度，再者，藉由附加管材夾頭的旋轉控制，可高精度進行斜向切斷及開孔加工等。藉由將其加工能力應用在管的接頭部作為嵌入構造，可簡化最大問題的焊接工程，如**圖** 1-2-30 與**圖** 1-2-31 所示，有助於積極採用管材支架構造。

以下顯示與板金框架構造比較之管材支架構造的特徵。

①管材支架構造在包圍管的空間有自由度，可有效活用內外空間。

②即使組裝後需要進一步加工時，仍可從四方接近，開孔及框架增設容易。在現地進行此種進一步加工比較容易。

③板金框架構造為「面」的組裝，而管材支架構造為「線」的組裝，可進行附加價值高的構造設計。

④藉由將接頭部做成嵌入型構造，可減少焊接加工，所以可減少組裝焊接時形狀偏差。

⑤藉由將接頭部做成嵌入型構造，可簡化焊接作業，所以即使焊接技術不熟練者，仍可進行管材支架構造的組裝。

⑥使對管的缺口加工位置與彎曲加工面共用，可形成連續的框架結構，所以可
　減少零件數量及提高精度。

	構造	用途	特長
平面		外蓋 窗戶 天花板 牆壁	高強度 高剛性 輕量化 高設計性 高安全性 高氣密性
立體		架台 外框 台座 外殼	

表 1-2-2　依構造體設計檢討的管材構造

提供：高健雷射精機股份有限公司（台灣）

圖 1-2-30 運用於建築物上的外框構造案例

圖 1-2-31 運用於架台上的外框構造案例

POINT
以維持剛性與輕量化為目的的構造體設計
將嵌入構造應用在管接頭部
板金框架構造與管材支架構造的比較

2.11 以縫隙加工提高加工性能

遮斷應力提高精度

過去工法

過去的板金加工中並無高品質且效率佳的附加縫隙加工法，所以幾乎沒有針對縫隙加工之應用作檢討的案例。

著眼點&效果

板金板金加工中，往往因加工中發生不預期的應力造成加工精度不佳。而雷射切斷可達到過去板金切斷加工困難之最小 0.2~0.5mm 寬，且在切斷加工的同時進行縫隙加工。以下說明利用該縫隙加工使應力分散或集中，改善過去加工方法之問題的方法

圖 1-2-32 顯示對各種問題利用雷射之縫隙加工來解決的案例。

①改善在折彎位置附近的形狀精度

接近折彎位置進行加工後的形狀，會依折彎加工時發生的應力而變形。圖示之在折彎位置附近長孔變形的案例，若在長孔與折彎位置之間、或在折彎線上縫隙加工，折彎加工的應力不到達長孔，可防止長孔變形。此外，藉由將縫隙圖案形成ㄷ字狀或是在兩端進行孔加工可防止縫隙端部變形（捲起）。加工後的縫隙影響產品外觀時，進行縫隙填補的後處理。

②改善斜邊部分的折彎精度

如圖示角度變更之斜邊部的折彎位置，其形狀及位置會按照指定而不折彎。可在斜邊前端與直線部相交的位置進行縫隙加工，使折彎應力集中在縫隙端部。縫隙加工的方向依材質與板厚，來決定對外形直線部平行或垂直。

③改善厚板上折彎部變形

折彎線部分與外形線在相同邊時，加工的板厚愈厚，應力愈不致向端部集中，而使端面形狀惡化。此時，也進行縫隙加工使端部的折彎應力集中在切斷端面，來改善變形。

④改善長條形零件的彎曲精度

長條形部件在長度方向的彎曲加工中，特別是板厚愈厚彎曲精度愈差。

　折彎加工中在長距離發生的反作用力是精度惡化的原因，所以彎曲加工前在彎曲線上進行縫隙加工，降低反作用力，可提高彎曲精度。該方法不能適用於需要強度及氣密性的折彎加工，不過，僅以成形爲目的時可考慮採用。此外，折彎加工後，與填補縫隙的工程組合，其用途更廣。

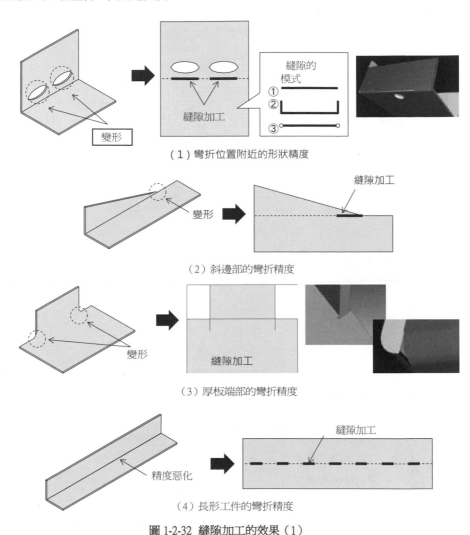

（1）彎折位置附近的形狀精度

（2）斜邊部的彎折精度

（3）厚板端部的彎折精度

（4）長形工件的彎折精度

圖 1-2-32　縫隙加工的效果（1）

⑤改善取出多個的熱變形

因雷射切斷中產生的熱使材料溫度上昇而引起熱變形。小型零件連續切斷中切斷精度逐漸惡化的現象，源自該加工部溫度的熱傳導。為了遮斷切斷中上昇之溫度的熱傳導而進行縫隙加工。

⑥高改善高速旋轉體的噪音與直行性

圓鋸的片鋸（Chip Saw）以高速旋轉切斷木材，在切斷中因橫向搖擺而發生噪音及直行性降低的問題。為了遮斷片鋸旋轉中傳播的振動而進行縫隙加工，可確保靜音效果，提高直行性。縫隙形狀為各片鋸製造商的獨自技術。

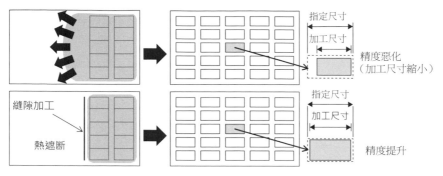

（5）多數個取出的精度

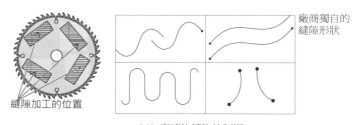

（6）高速旋轉物的制振

圖 1-2-32　縫隙加工的效果（2）

POINT

透過縫隙遮斷應力

透過縫隙遮斷熱能

透過縫隙遮斷震動

第 3 章

提高生產性

3.1 實施「樺」加工提高定位精度

板金零件組裝中定位更簡單

過去工法

　　板金加工的一般作業工程，在切斷零件後進行折彎加工、組裝、固定，最後進行產品的精加工。固定是使用焊接或接著等方法，不過為了防止在固定作業中或固定後因外力造成固定偏差或變形，需要採用大的接合、接著面積。此外，為了防止在焊接或接著中產生的變形，事前作業需要利用夾具強固的固定（圖1-3-1）。若固定不足組裝時精度不佳。固定時發生的問題大多是因為在設計階段的檢討不足，結果造成製造階段的焊接作業效率降低，導致生產成本增加。

著眼點&效果

　　從事板金設計的諸位知道「樺加工」嗎？組合建築物樑、柱與地基的接頭，是將部件端部加工成凹凸形狀。圖1-3-2顯示藉由樺加工來固定柱構造一部分之例。建築業界基於需要少數人有效進行作業，因此傳統上使用該樺加工。

因為雷射加工可高精度切斷複雜形狀，所以板金加工領域也在固定部分應用如圖1-3-3所示的樺加工。因為可高精度控制雷射切斷寬，所以亦可任意調整零件與零件間的餘隙。此外，樺孔位置考慮創新性及剛性，可設定在板金零件內部或外周部的任意位置。

　　如此，在板金部件的組裝中，因為板金零件利用互相固定之力，所以焊接中的固定夾具可從複雜且強固固定而變更成簡易的固定（圖1-3-4）。甚至有時在焊接、接著的前作業不需要固定夾具。此外，樺加工可補充焊接或接著本身的強度，而獲得高剛性的構造。由於藉由樺加工可以固定部確保充分強度的構造，可縮短焊接或接著長度，因此也簡化這些作業。再者，建築結構物的例子，並非製造工廠而是在建築現場的作業有焊接工程時，樺加工的嵌合可高精度定位，使作業現場進行固定作業的負擔減輕。

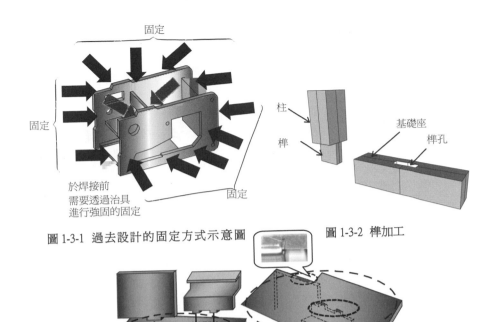

固定

固定

固定

於焊接前
需要透過治具
進行強固的固定

圖 1-3-1 過去設計的固定方式示意圖

柱

榫

基礎座

榫孔

圖 1-3-2 榫加工

① 表面側

② 內面側

圖 1-3-3 板金的榫加工

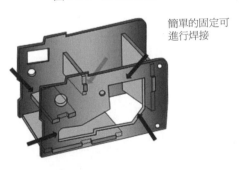

簡單的固定可
進行焊接

圖 1-3-4 運用雷射設計的固定方法示意圖

POINT

利用榫實施板金的插入固定

可高精度且輕易固定板金

利用焊接做夾具簡單的固定

3.2 零件分割設計的檢討

優先改善生產效率

　　需要許多加工工程之產品的製造，例如進行**圖** 1-3-5 所示之複雜機構零件的加工時，因為加工時間增加，所以生產成本及交貨期成為問題。此外，形狀愈複雜愈要求高品質管理，往往不良率很高。產品完成後鑑定為不良時，對於製造時花費的加工成本及加工時間的損失影響甚大。

著眼點&效果

　　此種複雜零件製造中，如**圖** 1-3-6 所示，將各個零件分割加工後，最後階段是利用雷射焊接組合成一個完整的產品。因為分割的零件其結構單純，所以具有可確保更高精度，且可縮短加工時間的優點。利用雷射進行小孔(Key Hole)焊接，其熔融寬度窄可深入焊透，所以可進行熱影響極少的高精度接合。因而，可焊接分割零件並進行一體構造的精加工。汽車業界在傳動裝置焊接及滑輪與齒輪焊接等加工中很早就採用了雷射焊接。

　　不過，雷射焊接鋼鐵材料時，焊接金屬部及其周圍少許的熱影響層部仍會因驟冷而生成麻田散鐵(Martensite)造成硬度提高。因而，熱影響部分的成形特性有可能降低。焊接後需要成形加工時，需要供給金屬焊線用於調整成低碳組合的焊接部以維持成形特性。

　　圖 1-3-7 是在軸桿兩端車有螺紋的產品例子。並非在圓柱部件兩端進行車螺紋加工，而是焊接圓筒部件與車有螺紋之圓柱零件形成一體構造。藉由將圓柱零件變更成圓筒零件以謀求減輕產品重量。

　　圖 1-3-8 是將軸桿軸承作為產品的加工例。因為軸桿要求高精度定位，所以通常假設一體鑄造基座及軸承零件或是切削加工。若各部件的板厚為小於雷射可切斷的 25mm 時，從板金雷射切斷各零件，組裝其零件並焊接後，可僅對需要精度的位置以切削加工進行精加工。該軸桿軸承的加工例係僅將需要精度的基座基準位置與承受軸桿的孔，在最後階段以端面銑刀進行精加工。

切削加工

圖 1-3-5 一體加工的案例

分割加工→雷射焊接

圖 1-3-6 分割加工的案例

圓柱部材

重量減少

圓筒部材

圖 1-3-7 為輕量化的分割加工

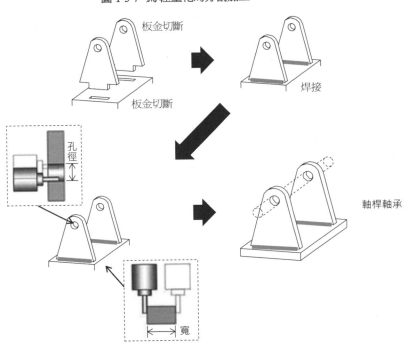

板金切斷

焊接

板金切斷

孔徑

軸桿軸承

寬

圖 1-3-8 鈑金部分的應用

POINT

複雜形狀以分割的單純形狀加以組合

僅需要精度的部分高精度加工

高精度焊接採用小孔(Key Hole)焊接

3.3 以成套加工觀念實施零件管理

僅在必要時對必要的零件實施高效率加工

過去工法

工業用工業用產品的製造業通常考慮零件集中訂購與加工。特別是生產量多者以及通用用途的零件，採用集中生產以改善作業效率（**圖** 1-3-9）。

但是，採用該方法會增加零件數量管理及零件保管場所管理等生產管理上的負擔。此外，多品種少量生產、變種變量生產、開發品及客製品等零件數量少時，同樣地也有因零件集中加工的生產制度而造成生產管理沒有效率的問題。

著眼點&效果

雷射加工不需要模具而且利用率高，可進行必要時僅加工必要數量在成品中所需的統一型式零件之生產方式的「成套加工」。**圖** 1-3-10 是配置使用於工廠受配電設備之同一板厚、材質的統一型式零件之成套加工的程序範例。該案例是以高利用率配置板厚為 2.3mm 的 SPCC 零件。

可僅採購（加工）要求的產品數中必要的零件，零件數量、零件保管場所、零件交貨期等管理及作業工程管理容易。除了這些雷射切斷後的零件管理之外，因為可僅加工必要數的零件，所以處理的素材數量有限，供給素材的管理也容易。從這些觀點在生產現場準備配置成品中需要的各材質與板厚之零件的成套加工用程序。此外，除了要求小批加工之外，批數突然增減的加工時，仍可以成套加工的觀念靈活的因應按照必要批數的集中加工。

成套加工令人擔心之處為加工中發生加工不良導致零件成為瑕疵品。但是，目前採用 NC 裝置監視發生不良的狀況，自動記錄發生不良的相關資訊，並依據該資訊指示進一步加工。

產品模型製造結束後還需要籌措維修保養所需零件及庫存零件。此時可按照所需的維修保養零件及各定期更換週期所需的零件等狀況，準備各產品成套加工用的程序。

生產管理上的負擔增加

・零件數量管理　・零件保管場所的管理
・零件納期管理　・棚架的管理

圖 1-3-9 過去的一概零件加工

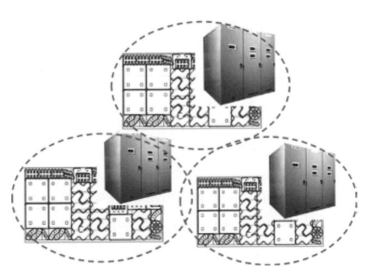

圖 1-3-10 成套加工

POINT

在必要的時候加工一組零件所需要的數量

因應多品種少量生產及變種變量生產

簡化零件庫存管理

3.4 切斷與劃線的連續加工
省事的劃線改善生產性

過去工法

　　一般而言，組合部件的定位及彎折線用的劃線如**圖** 1-3-11 所示，是在切斷加工以外的工程進行劃線，不過劃線精度因各種原因而變差。特別是如**圖** 1-3-12 所示，並非以直線端面為基準的定位，而是將圓弧端面作為基準進行支撐塊之定位的劃線加工，其測定手段欠缺，對準困難。此外，大型板金零件加工的劃線加工需要時間增加，也是造成生產成本上昇及生產性惡化的因素。

著眼點&效果

　　圖 1-3-13 所示的雷射加工可利用雷射劃線連續（同時）輕易地進行劃線加工與切斷。進行從圓弧端面的定位時，亦可以同一個程序進行圓弧切斷的軌跡與劃線軌跡的加工。此外，即使是將**圖** 1-3-14 所示的孔加工之管的孔位置對準基底材料基準的加工例，孔加工與劃線加工可同時進行的雷射加工使作業效率提高。

　　雷射劃線比較容易調整其溝深度及線寬。例如，可應用雷射加工取代鑽孔加工前作業的中心沖點。比開始切斷部之穿孔加工功率弱
的加工條件下，將雷射光照射於中心沖點的位置，進行不貫穿孔加工。不貫穿孔的深度可任意設定，亦可期待達到鑽孔加工性良好的作用（**圖** 1-3-15）。切斷後之部件上鍍鋅皮膜的用途，是為了使劃線鮮明，需要更深劃線。此時，亦可以用深挖的劃線技術來因應 16-1＊）。此外為了管理切斷零件，亦可在各切斷部件上以劃線印上批號。

　　因而利用雷射對板金劃線的效果佳，但是存在了曲線劃線時無法在部件背面進行劃線加工的問題。其因應對策如**圖** 1-3-16 的①所示，可採用在曲線劃線位置的兩端部附加缺口的方法。這是從背面觀看時的標記。須進一步說明，如…所示，該缺口部在彎曲加工時及支撐小段處理時，具有吸收板金端面膨脹現象的效果。亦即，在板金彎曲加工端面的截面精度提高上也可期待該缺口效果。

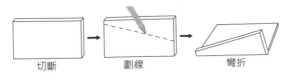

圖 1-3-11 手動劃線

① 從直線端面定位

② 從圓弧端面定位

圖 1-3-12 支撐塊定位案例

圖 1-3-13 雷射劃線和切斷的同時加工

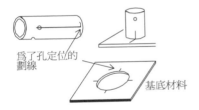

圖 1-3-14 管材的定位案例

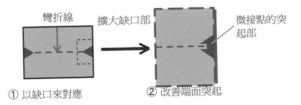

調整加工條件可任意決定深度

圖 1-3-15 中心沖點的案例

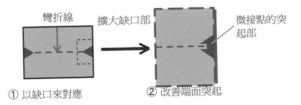

① 以缺口來對應　　② 改善端面突起

圖 1-3-16 彎折位置的曲折

POINT

從圓弧端面定位也簡單

取代中心沖頭

背面劃線實施缺口加工

3.5 建議角落倒圓角指示

> 發揮切斷能力的圖面來提高效率

過去工法

　　屬於熱加工的雷射切斷會因使金屬熔融時產生的熱而使材料過度熔融。其典型例子是**圖** 1-3-17 所示的輔助氣體使用氧氣切斷軟鋼時在轉角（邊緣）部發生的熔損。被加工物的板厚愈大，且如**圖** 1-3-18 所示，邊緣部的角度愈小，愈容易發生熔損，其熔損量也愈大。

　　其因應對策通常是在高速切斷條件下進行邊緣部以外的加工，僅將邊緣部切換成低入熱量之低速脈衝加工條件。但是，選擇低速條件時導致加工時間增加。再者，因為在邊緣部加工頭須高速大幅改變驅動軸方向，所以為了維持其軌跡精度而對加工機作用的加減速大。結果也有導致加工時間增加的問題。

著眼點&效果

　　加工加工形狀藉由在邊緣部的前端附加少許倒圓角的指示（**圖** 1-3-19），可防止因熱集中造成熔損。理想上可依邊圓角度、加工板厚及切斷條件取得最佳的倒圓角值，不過會導致控制的資料量龐大。請參考**表** 1-3-1 所示的以加工之板厚為基準的簡易設定標準。以圖面上記載為「無指示角部為 R＊＊＊」的倒圓角指示為理想。此外，僅指定 R 無法以轉塔式沖孔機進行加工，所以也假設以轉塔式沖孔機實施加工時，需要採用記載為「無指示角部為 R（C）＊＊＊」的倒圓角指示。

　　藉由該邊緣部的倒圓角指示，減少熱向邊緣部前端部集中，邊緣部的熔損減少，所以不需要切換成脈衝加工條件。再者，邊緣部在高速切斷中，於驅動軸方向的大幅加減速也減少。因而，薄板高速切斷時，儘管設定高速度條件，即使是加工時間縮短有限的加工，藉由邊緣部的倒圓角指示仍有助於縮短加工時間。

　　此外，建築用零件（建材）等以雷射切斷時，作業人員有可能在邊緣部銳利的零件組裝中受傷，因此逐漸積極採用倒圓角。

熔損

圖 1-3-17 邊緣部的熔損

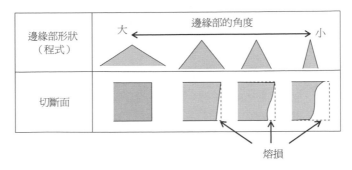

熔損

圖 1-3-18 邊緣部角度和熔損的關係

■ 在圖面上「無指示的角部為 R（C）＊＊＊」

圖 1-3-19 雷射切斷零件的圖面指示

加工板厚	R 的標準	例
～2.3 mm	加工板厚的1/2	t1mm：R0.5
3.2 mm ～	加工板厚的2/3	t 6 mm：R4

表 1-3-1 轉角 R 的基準

POINT

黑鐵切斷時在角（邊緣）部發生熔損

基本上採用在邊緣部前端的少許倒圓角指示

圖面記載為「無指示角部為 R（C）＊＊＊」

3.6 廣範圍高速焊接方法

大幅減少焊接時間

　　過去的雷射焊接，具備加工頭的雷射焊接機需要驅動加工頭，或固定被加工物與加工頭的夾具或是兩者。因而，即使照射雷射光實際進行焊接的時間在短時間結束，其他動作仍會使加工時間增加。

　　再者，因爲雷射焊接用的加工頭結構大，所以需要檢討避免與固定被加工物的夾具與加工頭干涉。此外，加工對象及加工位置在最裡面的結構內部時，需要檢討將加工工程分成數次，並決定優先順序。

著眼點&效果

　　過去的雷射焊接，具備加工頭的雷射焊接機需要驅動加工頭，或固定被加工物與加工頭的夾具或是兩者。因而，即使照射雷射光實際進行焊接的時間在短時間結束，其他動作仍會使加工時間增加。

　　再者，因爲雷射焊接用的加工頭結構大，所以需要檢討避免與固定被加工物的夾具與加工頭干涉。此外，加工對象及加工位置在最裡面的結構內部時，需要檢討將加工工程分成數次，並決定優先順序。

　　圖 1-3-20 的遠端遙控雷射焊接機如圖 1-3-21 所示，是依使雷射光聚光並配置在加工位置上方的 1 片或 2 片反射鏡高速掃瞄的原理進行焊接。如此構成的雷射焊接機只要使反射鏡的角度稍微變化，就可大幅移動被加工物上的射束點位置。此外，因爲不需要使被加工物及加工頭移動，所以可高速廣範圍進行焊接。用於拘束被加工物的焊接夾具與加工頭不致干涉，且不需要移動被加工物，因此可設計有效的夾具。例如，亦可將 1 片車門設置在工作台上整個一次焊接。

　　此外，亦可焊接存在於圖 1-3-22 所示之狹窄最裡面位置的零件。過去的電弧焊接法等如①所示，無法將加工頭插入內部，所以採取分割焊接外殼覆蓋結束後組裝護蓋的工程。但是如②所示的雷射焊接，只要可傳送雷射光，沒有其他限制，可以製造效率爲優先在最後階段焊接。爲了防止雷射焊接部的氧化，需要檢討遮蔽另外焊接部的輔助氣體。

　　因爲該非接觸式焊接時的聚光光學系統設在遠離加工位置的位置，所以不太可能附著飛濺渣及煙塵。這一點非常有利於減少維修頻率及可靠性。

提供：前田工業株式會社

圖 1-3-20 遠端遙控熔接機的外觀

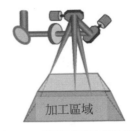

加工區域

圖 1-3-21 遠端遙控溶接的原理

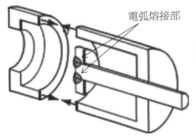

電弧熔接部

為了讓加工頭靠近，必須要改變成
拆下外蓋的構造。

① 熔接後再裝回外蓋（過去）

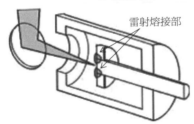

雷射熔接部

若可以傳送雷射光，就可於外殼內
進行熔接。

② 組裝外殼後也可以進行雷射熔接（現在）

圖 1-3-22 雷射熔接的案例

POINT

利用遠端遙控雷射進行廣範圍、高速焊接

避免焊接夾具與加工頭干涉

飛濺渣及煙塵不致附著在聚光光學系統上

3.7 鉚合效果

鉚合效果
積極利用金屬變形的固定

過去工法

　　以下說明在板金結構體中，於焊接加工前必要的暫時定位焊之固定方法，因爲固定內容分成兩個階段，所以按照固定的順序分別定義爲①暫時止動、②暫時固定。

　　板金零件焊接中，於焊接前工程藉由暫時定位焊固定零件，對於焊接強度、焊接精度及焊接作業的效率化具有非常重要的意義。如**圖** 1-3-23 所示，將活用雷射切斷特徵之樺加工的板金零件插入樺孔而①暫時止動。然後，以點焊②暫時固定而結束定位焊。但是，因爲臨時固定之前有可能因零件的插入姿態而脫落（脫離），所以在插入零件的同時需要用焊接夾具固定。

　　若是有可在暫時止動的階段輕易的獲得與臨時固定同等效果的「鉚合」方法，則爾後工程的焊接作業簡單。

著眼點&效果

　　活用雷射進行薄板板金加工的特長，可輕易獲得「鉚合」效果。**圖** 1-3-24 是將樺的形狀形成從內側向外側擴大的三角形狀之例。樺孔形成三角形狀之最大端面寬與板厚通過的細小窗形狀。將該三角形狀的樺插入樺孔後，進行轉動（旋入）操作。旋入位置達到零件不致從孔中脫出的位置。藉由旋入，使用樺的兩邊發揮將設有樺孔的板金零件勒緊的作用，而形成無間隙的斂縫狀態。另外，可應用該方法的板厚有限制，並以手動可使板金變形之板厚範圍的 2mm 程度爲限度。

　　圖 1-3-25 是將樺形狀的兩端面形成突起狀形狀之例。將樺加工後的零件插入樺孔中，從樺的背面加壓使突起部分從內側向外側擴大而變形。藉由該作用形成無間隙的鉚合狀態。以上兩種方法是利用金屬具備之塑性變形性質而固定者。特別是**圖** 1-3-25 的方法在插入的零件小，且需要大量並列加工時（**圖** 1-3-26）等可發揮效果。再者，該方法若講求突起部的形狀及插入後變形應力的施加方式，亦可適用於比較大的厚板。

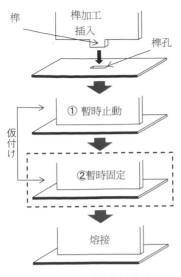

圖 1-3-23 暫時定位的作業

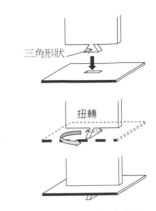

圖 1-3-24 板厚較小的暫時定位

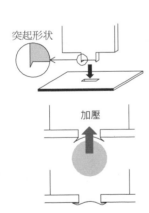

圖 1-3-25 板厚較大時的暫時定位

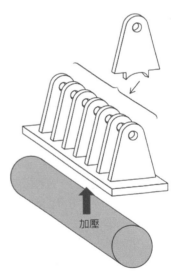

圖 1-3-26 多數個暫時定位

POINT

鉚合對暫時固定的效果

藉由旋入來鉚合

藉由擴大來鉚合

3.8 切斷與熱處理（淬火、回火）的連續加工

同時加工以提高加工效率

過去工法

僅將被加工物的一部分進行淬火及回火的部分熱處理，是使用丙烷及乙炔之混合氣體的火焰淬火及高周波感應電流的高頻淬火。這些皆是需要以專用加熱裝置加熱後，利用水或水溶性冷卻材料強制冷卻。因而，在與切斷及焊接等加工相同作業台上進行連續熱處理困難。

亦即需要以單獨設備分批進行加熱與冷卻等處理。特別是熱處理比率佔被加工物少的加工用途上，加工工程的效率必定不好。

著眼點&效果

以下介紹以雷射淬火及回火為例的熱處理與切斷的複合加工。

藉由雷射光將被加工物表面加熱時，因熱傳導而將熱傳至內部，引起 0.1~1.3mm 深度的表面硬化。如圖 1-3-27 所示，只要可將雷射光照射到硬化層的必要部分，即可淬火成任何複雜形狀。

此外，雷射淬火時，因為冷卻是在被加工物內部散熱的自我冷卻作用，所以不需要從外部的冷卻作用。被加工物中需要一定容積（板厚）用於散熱而冷卻，不過基本上只要照射雷射，即可以等同圖 1-3-28 所示之高頻淬火的硬度淬火。切斷及焊接與淬火的差異使雷射光的強度分布降低到被加工物表面不致熔融的程度，進行調整時是使加工條件參數中的焦點位置及輸出與速度的設定改變。廣面積淬火時需要設定專用的光束模式。不過，不需要時，是將與切斷及焊接相同的光束模式離焦而用於熱處理。因而如圖 1-3-29 所示，採用與切斷及焊接相同加工機只須變更加工條件即可連續進行淬火及回火。

二氧化碳雷射的雷射淬火，因為被加工物表面的雷射光吸收率低，所以有熱處理能力降低的問題。但是，光纖雷射因為雷射光的吸收率高，所以熱處理能力提高。如此，藉由使用雷射加工可進行與切斷及焊接連續之熱處理的複合加工。

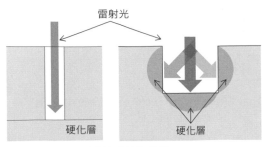

圖 1-3-27 透過雷射熱處理

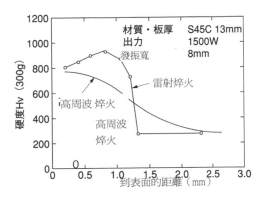

圖 1-3-28 硬化層的比較

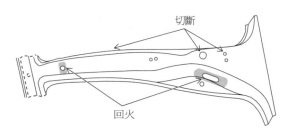

圖 1-3-29 切斷和回火同時加工

切換加工條件連續加工

　　使用 1 台雷射加工機進行切斷、焊接、熱處理的複合加工時，主要需要變更 2 個加工條件參數。

　　第 1 個是被加工物上聚光點的光能密度。基本上切斷需要最高光能密度，而焊接、熱處理則依序設定低光能密度的條件。

　　第 2 個是輔助氣體的條件。切斷時使用高壓力的輔助氣體，特別是利用氮氣的無氧化切斷需要設定非常高的氣壓。焊接與熱處理需要用於獲得防止加工面氧化的遮蔽效果之條件，而設定比較低壓的條件。輔助氣體種類區分成氧氣、氮氣、空氣 3 種，焊接與熱處理時使用氮氣或氬氣。

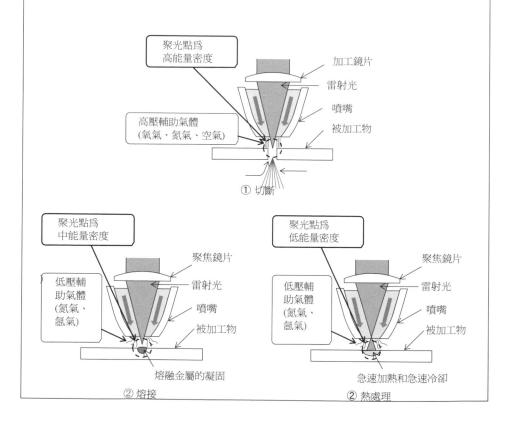

第 4 章

提高性能

4.1 縮小尺寸的檢討

為了體積更小、重量更輕

過去工法

圖 1-4-1 的①所示之框體的電阻點焊需要上下電極夾著之部分的「焊縫」。因為該焊縫造成加工對象的框體尺寸變大，及框體變重等問題。

此外，如**圖** 1-4-2 之②所示固定內部不耐熱之零件或密封裝置的外殼時，通常採用螺栓與螺帽的機械式緊固。此時也造成外殼的尺寸變大，而發生用於機械性緊固之零件管理及作業工程增加等問題。

著眼點&效果

因為雷射焊接是利用射束非接觸加工，所以搭接接頭如**圖** 1-4-2②所示，可縮小焊縫。再者，可從一個方向焊接之雷射焊接的特徵為不需要夾著材料，亦可如**圖** 1-4-1③形成對接接頭的構造，因此可更進一步減輕重量。

此外，將雷射光以微小點高光能密度聚光的雷射焊接具有可減少熱影響的特徵，如**圖** 1-4-3 所示，亦可減少用於抑制焊接中熱變形的固定用夾具數量。

固定將不耐熱零件收納於內部的外殼之例，藉由形成**圖** 1-4-2②所示的雷射焊接，可抑制熱對內部產品的影響，進行生產性高的焊接。

但是，可聚光於可進行低熱量輸入焊接之微小點的雷射焊接特徵，另外也造成不易對接焊接。導致**圖** 1-4-4 所示①對接接頭的密合性差（產生間隙），及雷射光通過對接面造成焊接不良。

因而，為了管理對接面的精度，需要事前將對接面高精度加工工程。考慮以上情況，適合雷射焊接的接頭需要設計成**圖** 1-4-4 之改善例所示的②搭接接頭、③下折型接頭、④上折型接頭。並非直接將現有焊接法所使用的焊接接頭替換成雷射焊接，而是將**圖** 1-4-4 所示的接頭形狀反映在設計上，成為雷射焊接可更簡單且可行的要點。

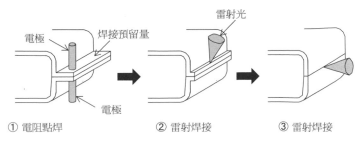

① 電阻點焊　　　　　② 雷射焊接　　　　　③ 雷射焊接

圖 1-4-1　框體焊接的比較

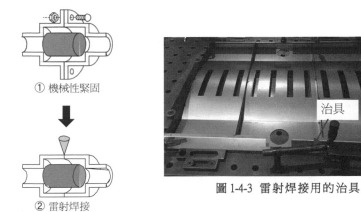

① 機械性緊固

↓

② 雷射焊接

圖 1-4-2　外殼的固定

治具

圖 1-4-3　雷射焊接用的治具

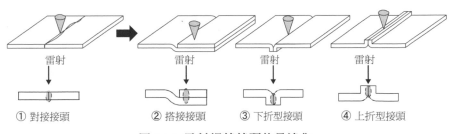

雷射　　　　　　　雷射　　　　　　雷射　　　　　　雷射

① 對接接頭　　　② 搭接接頭　　　③ 下折型接頭　　　④ 上折型接頭

圖 1-4-4　雷射焊接接頭的最適化

POINT

減少焊接預留量以縮小體積、減輕重量

雷射焊接不適用對接接頭

變更適合雷射焊接的對接接頭設計

4.2 利用複合式加工提高焊接性能

活用與電弧焊接的相乘積效果

電弧焊接屬於一般焊接法而廣爲普及，不過對被加工物輸入的熱量多，特別是薄板加工時焊接變形大。此外，高速焊接時，還有焊道表面不穩定，容易形成所謂駝峰形焊道的不整齊焊道等問題。另外，因爲雷射焊接使用聚光於微小點的高光能密度熱源，所以焊接變形小，亦可高速焊接。但是，會發生使用對接接縫的間隙大小變化容許度低、及焊道內發生孔隙（氣泡）等問題。

著眼點&效果

　　圖 1-4-5 顯示各種焊接與爲了解決問題而提出之複合式焊接的示意焊道剖面。以下顯示複合式焊接的特徵（圖 1-4-6）。

（1）　**焊接速度高速化**

產生在雷射光照射位置感應電弧的現象。即使電弧單獨進行隆起薄板的高速加工，仍可穩定地焊接。

（2）　**焊透深度增加**

比電弧單獨焊接及雷射單獨焊接可進行深焊透焊接。

（3）　**接頭接縫餘裕度擴大**

雷射單獨焊接時需要使接頭的間隙最小化，以及提高開先坡口與瞄準位置精度，而複合式焊接時，因爲被加工物表面側的熔融區域廣，所以接頭的條件餘裕度可擴大。

（4）　**焊接變形減少**

有報告指出測量複合式焊接的變形量結果，雖然變形比雷射單獨焊接大，但是比電弧單獨焊接減少 40~50%[4]。深焊透發揮減少焊接變形的效果。

（5）　**改善接頭強度**

因爲雷射焊接是高光能密度且微小點熱源，會產生驟熱驟冷作用，對焊接部的硬度及韌性特性造成不良影響。但是，混合焊接因爲熱量輸入增加，所以冷卻速度下降，可使不良影響緩和。

（6）　抑制焊接瑕疵

雷射焊接時在焊道底部發生的孔隙，藉由複合式焊接使焊道表面的熔融範圍廣，增加孔隙的流動性。結果殘留在焊道內部的孔隙變少。

具有以上特長的複合式焊接，其用途已有所擴大。

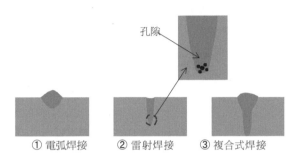

圖1-4-5　焊接斷面圖

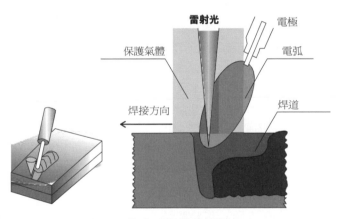

圖1-4-6　複合式焊接的原理

POINT
焊接速度高速化
焊透深度增加
接頭餘裕度擴大

4.3 深拉延加工中適用雷射焊接

擴大深拉延加工的適用範圍

過去工法

　　拉延加工包括：使用凹模與凸模模具，將切斷成指定之輪廓形狀的平板素材成形之方法；及進行將圓筒狀成形體成形的旋壓加工方法。但是，以這些方法進行深拉延加工時，引起壓曲而發生皺紋、及發生加工裂紋，可加工範圍有限。

著眼點&效果

　　深拉延產品可如**圖** 1-4-7 所示，劃分成頂板與側板，以雷射焊接進行加工。當然生產效率及生產成本方面對雷射焊接來說是不利的條件，但是在特殊材料、特殊形狀或試作等條件下，由於雷射焊接幾乎不發生焊接變形，所以仍可考慮採用。因為形成焊接構造，側板長度無限制，亦可實施長圓筒的零件加工。此外，也大幅消除對象厚板的限制。特別是對於容易發生加工裂紋的薄板進行加工時可發揮效果。要求防止焊接部氧化時，須在氮氣或氬氣環境下進行雷射焊接。

　　雷射焊接對光束照射部的接頭焊縫要求高精度。特別是如**圖** 1-4-7 圖示的側板及頂板之零件焊接，為了縮小對接間隙進行管理，素材需要進行高精度端面加工及利用焊接夾具強固地固定被加工物。但是，該對策如**圖** 1-4-8 所示，側板及頂板也準備雷射切斷，因此可藉由「鉚合」暫時固定加工或「樺」加工形成嵌合構造。藉由該構造來抑制變形，所以在焊接前利用夾具固定被加工物容易，且可抑制焊接時的變形。

　　此外，使用雷射焊接的應用範圍廣，如可將元件的材質或圓筒與頂板變更成任意形狀等。**圖** 1-4-9 係圓筒內進一步配置圓筒的雙重構造形狀。雷射焊接也可因應此種複合化的構造設計。此外，藉由將雷射振盪從脈衝輸出變成 CW 輸出，邊緣焊接的品質提高。結果減少雷射焊接後焊道表面的研磨加工作業。

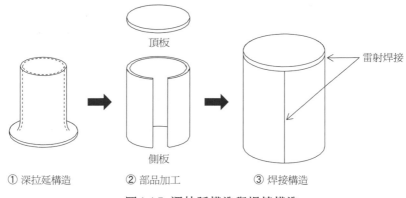

頂板

側板

雷射焊接

① 深拉延構造　　② 部品加工　　③ 焊接構造

圖 1-4-7　深拉延構造與焊接構造

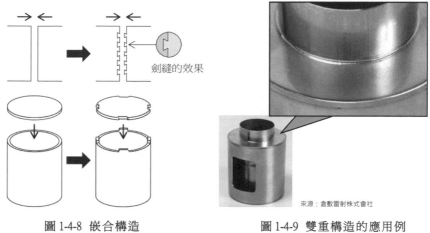

劍縫的效果

來源：倉敷雷射株式會社

圖 1-4-8　嵌合構造　　　　　**圖 1-4-9　雙重構造的應用例**

4.4 採用管材及型鋼加以改善

達到兼顧結構的剛性與輕量

過去工法

　　工作母機的結構體多採用鑄造結構或板金焊接結構，而有減輕重量、縮短交貨期、及降低成本等的問題。搬運裝置及檢查裝置的結構同樣的有維持其剛性情況下減輕重量的問題。針對這些問題，皆積極檢討採用管結構或型鋼結構。不過結構體在焊接組裝工程中的固定方法及作業複雜性造成障礙，以致仍未達到實用化。

著眼點&效果

　　結構體若採用被雷射切斷的各種管材或型鋼材零件，可大幅改善原本有問題之接頭部的固定方法。因為雷射加工機之加工可將管材及型鋼材高精度切斷成任意形狀，所以其特徵為特別是可從設計階段檢討對組裝之接頭部的嵌合結構

　　藉由將管材或型鋼材的接頭部形成使用側/端面對齊用固定片、定位用缺口及「榫」的固定結構（**圖** 1-4-10），加工後的零件本身約束力高，可期待以下的效果。

① 　　因為焊接部的約束力提高，可簡化夾具的固定作業。

② 　　因為約束力增加，所以可減少焊接長度。

③ 　　因為焊接長度減少，所以發生熱變形的情況減少。

④ 　　因為熱變形減少，所以產品精度提高。

　　圖 1-4-11 顯示對結構體的直角部進行雷射切斷與彎曲加工，將管材的一邊適用於直部的例子。因為將管材表面作為直角部，不致留下加工痕跡，而成為創意性優異的產品。再者**圖** 1-4-12 是將直角部形成 R 形狀的例子。如此藉由雷射進行非接觸切斷，結合被加工物不受損傷的特徵，應用在創意零件加工的範圍擴大。此外，這些結構體焊接時藉由應用可低熱量輸入加工的雷射焊接，可進一步減少表面加工等的爾後工程

　　圖 1-4-13 顯示組合雷射切斷之 L 型鋼的例子。L 型鋼是以組合之各部件不打開的方式，以具有斜度的「對齊用固定片」與「定位用缺口」的形狀加工，雷射切斷成角部形成尖銳的邊緣角度。因為僅素材組合時可確保一定程度的剛性，所以有時爾後工程的焊接加工比較簡單。

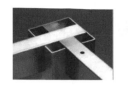

提供：高健雷射精機股份有限公司（台灣）

圖 1-4-10 接頭部形狀舉例

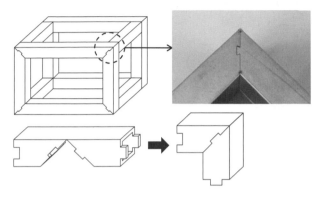

圖 1-4-11 接頭部加工舉例

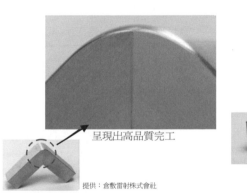

呈現出高品質完工

提供：倉敷雷射株式會社

圖 1-4-12 追求創意性的接頭部

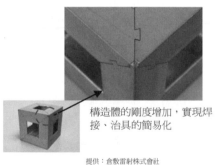

構造體的剛度增加，實現焊接、治具的簡易化

提供：倉敷雷射株式會社

圖 1-4-13 L 形鋼的加工舉例

POINT

改善管材的固定方法及固定作業的複雜度

減少焊接長度，降低熱變形

提高產品精度

4.5 改善板金加工中最小彎折曲高度

使困難的彎折加工變容易

　　板金的最小彎折高度（H）尺寸如**圖** 1-4-14 所示，是由板厚（ t ）與彎折半徑（R）來決定（H＝R＋2 t～4 t）。此外，需要注意最小彎折高度（H）也受到凹模（下模）之Ｖ肩寬尺寸的限制。因而**圖** 1-4-15 所示之側邊小形狀（產品）的加工例，通常考慮切削加工。特別是因為受到板厚的影響大，所以建議板厚愈大愈要實施切削加工。圖示案例的零件規格只是擔任支撐（承受）夾具的角色，不需要密閉性，對側板要求的強度在防止搭載品偏差。該零件如**圖** 1-4-16 所示，因為以切削加工製作，所以減少加工時間與加工成本是課題。

著眼點&效果

　　將切削加工後的零件以板金的雷射切斷與之後的彎折加工來製作，可縮短加工時間與降低加工成本。一般而言，此種彎折高度小之板金零件彎折加工困難的因素在板厚。板厚愈大，彎折所需的應力愈大。但是，藉由在**圖** 1-4-17 所示的曲線位置利用雷射加工四方長孔（縫隙），可使彎折加工所需的應力降低而容易進行加工。四方長孔加工的縫隙寬需要依被加工物之板厚與彎折角度來決定適當值。加工對象為薄板時，即使為雷射切斷溝寬程度的縫隙加工仍可因應。由於雷射切斷的最小縫隙約為 0.2mm 因此可加工，需要比其大的寬度時，藉由調整四方長孔之邊尺寸而切斷，可加工成任意的縫隙寬。

　　此外，縫隙長度依零件所要求的強度或是彎曲裝置（折彎機）的規格來決定。縫隙長度佔彎折邊長的比率愈小強度愈增加（彎折負荷亦增加）。即使擁有的折彎機能力低時，仍可藉由雷射在彎曲線位置輕易進行縫隙加工，加工對象是薄板，且零件不太要求強度時等，只要進行狹窄縫隙的二次加工，精加工幾乎不致影響外觀。

　　再者，只要是例題的產品，也可考慮利用管材的雷射切斷方法，不過要看要求精度而定。

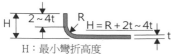

H：最小彎折高度
（最小凸緣尺寸）
t：板厚
R：內側彎折半徑

圖 1-4-14 板金最小彎折高度

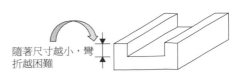

隨著尺寸越小，彎折越困難

圖 1-4-15 側邊尺寸的小製品

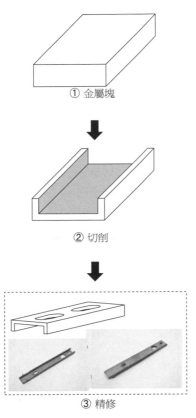

① 金屬塊

② 切削

③ 精修

圖 1-4-16 過去的切削加工

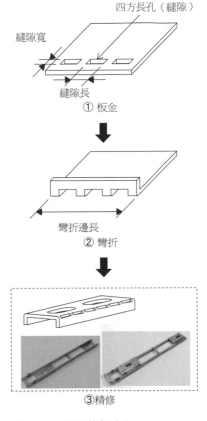

四方長孔（縫隙）

縫隙寬

縫隙長

① 板金

彎折邊長

② 彎折

③精修

圖 1-4-17 雷射的板金加工

POINT

板金最小彎折高度的尺寸限度
在彎折位置進行四方長孔（縫隙）加工、
降低彎折加工所需的應力

4.6 金屬與塑膠的接合

金屬與塑膠的接合

消除接合塑膠時的問題

進行金屬與塑膠的接合時，過去通常是利用接著劑或螺栓緊固，或以機械加工使的樹脂可以卡住形狀部分。但是，過去方法存在接著劑管理複雜、接合部的氣密性低、且機械性強度低等的問題。

著眼點&效果

雷射成為使被加工物邊界熔融的熱源，金屬與塑膠可直接接合。因為金屬與樹脂的接合面保持高度氣密性，所以發揮耐壓性、耐防水性、耐油脂性的效果。

圖 1-4-18 顯示從塑膠側照射雷射而接合的加工工程。為了在接合的金屬材料表面產生在接合邊界熔化的樹脂進入金屬面之小凹凸的錨固效果，事前進行表面處理。已有報告之表面處理包括雷射處理、大氣壓電漿處理、酸鹼處理等。使表面處理後的金屬與塑膠密合固定，從塑膠側照射雷射光。塑膠材質需要選擇與照射之雷射光的波長具有相容性，雷射光透過性高的塑膠。透過塑膠之雷射光到達金屬表面，在表面產生熱而熔融邊界面的塑膠而接合。接合品質低時亦可在金屬與塑膠間插入填充插件來改善品質[5]。

圖 1-4-19 顯示從金屬側照射雷射而接合的加工工程。該方法使用在將雷射光透過性低的塑膠與金屬接合的情況。接合的金屬邊界面進行用於產生錨固效果的表面處理。其次，使表面處理後之金屬與塑膠密合而固定，並在金屬面上照射雷射光。金屬表面吸收雷射光而產生的熱傳導至金屬內並到達樹脂。金屬表面為了達到吸收雷射光的目的，雷射條件需要調整到雷射光降低至不致除去金屬的光能密度。金屬材料也以有效熱傳導的板厚及材質為條件。

這些方法用在將一部分金屬替換成塑膠以減輕產品重量；及安裝了電子零件的金屬產品以塑膠蓋密封等的用途上。

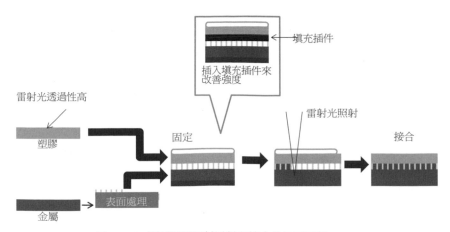

圖 1-4-18 從塑膠側照射雷射而接合的加工工程

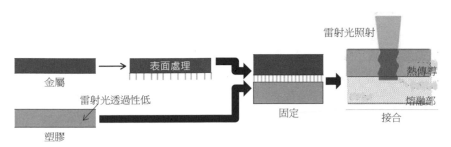

圖 1-4-19 從金屬側照射雷射而接合的加工工程

4.7 採用金屬疊層造型（3D列印機／AM）

> 替換過去加工法以外的新構想

過去工法

金屬疊層造型法的 3D 列印機也稱為 AM（添加製造(Additive Manufacturing)），與過去除去（切削）式的製造方法比較具有許多特徵，期待作為新加工方法。

金屬造型的一般加工是藉由切削將大塊金屬變小的方法。但是，此種切削加工無法充分因應想減少切削量、想進行不受工具約束的加工、想提高生產性、想藉由試作開發有彈性的變更設計等要求。

著眼點&效果

以下顯示切削與 AM 的比較，以及 AM 的最佳運用方法。因為 AM 是堆疊小素材，在必要的場所供給必要程度的素材進行加工。目前是採用**圖 1-4-20** 所示之指向性光能堆積法、與**圖 1-4-21** 所示的粉末床熔融結合（粉末疊層）法兩種方法進行加工。指向性光能堆積法是在與雷射光同軸上噴射金屬粉末而疊層的方法，而粉末床熔融結合法則是預先熔融鋪滿的粉末層，並逐漸增加該粉末層的方法。

該 AM 與切削是完全相反的技術。切削是不觸及加工體內部，而減少不需要區域的加工，而 AM 是將點接觸變成面接觸並堆積需要區域的技術。因而，僅以相同加工結果比較這些方法時，會造成採用基準錯誤。亦即，僅以替換過去技術為優先目標時，因為優先順序高的要求項目如降低製造成本，所以完全沒有考慮 AM 的特徵而有效運用。

目前技術無法因應之最佳產品設計及其製造、利用技術的開發需要考慮應用 AM。例如考慮**圖 1-4-22** 所示之結構體的結構時，整體結構以切削製造，壁與柱結構體以切斷與焊接製造，格柵結構體以 AM 製造。亦即，AM 適用於自由且具有多數空間的結構，且正檢討運用在形狀最佳化（模具的最佳水管例）、數個零件組合的最佳化（噴射引擎的渦輪例）、材質的最佳化（人工骨骼之例）、結構的最佳化（飛機零件之例）等。

如此，完成最佳結構的構想，是儘量運用 AM 特徵的基本。

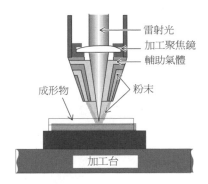

圖 1-4-20 指向性光能堆積法

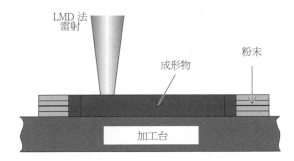

圖 1-4-21 粉末床熔融結合（粉末疊層）法

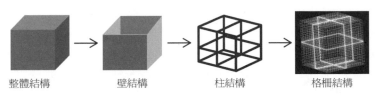

整體結構　　　　壁結構　　　　柱結構　　　　格柵結構

圖 1-4-22 最佳設計與加工方法的關係

POINT

AM 是堆積小素材的加工方法

切削是將大塊金屬變小的加工方法 AM 適用於自由

且具有多數空間的結構

4.8 微細的切斷性能

追求非接觸的切斷性能

過去工法

以微細切斷加工為目的的加工法存在的問題是切削加工時因工具與加工部接觸而施加力，以及工具磨耗導致精度變化等。此外，即使是非接觸加工的雷射切斷，過去以來所普及的二氧化碳雷射存在的問題是聚光點徑可縮小的限度、及脈衝輸出可縮短光束開啟時間的限度等。此外，還存在利用雷射進行微細加工需要設定低輸出的條件，而二氧化碳雷射因為金屬材料的光束吸收率低，所以為了使金屬熔融則要求設定比較高輸出的問題。

著眼點&效果

以過去加工法加工困難的微細切斷，已開發出改善可儘量縮小雷射光的聚光特性、金屬材料的高光射束吸收特性、可儘量縮短雷射光之光束開啟時間的脈衝輸出特性之雷射振盪器。

要求微細且高精度加工的醫療零件切斷積極採用雷射切斷。**圖** 1-4-23 顯示防止心臟冠狀動脈血栓之心導管支架的雷射切斷例。材質是鈷鉻合金，從直徑為 1.5mm，厚度為 0.1mm 的管子，以±10μm 的加工精度切斷成圖示的形狀。心導管支架要求同時兼顧剛性及柔軟性與形狀精度，因而採用雷射切斷加工。**圖** 1-4-24 顯示注塑零件的開孔加工例。對不銹鋼的被加工物進行最大孔徑為 0.1mm，深度為 1mm 的孔加工。藉由雷射加工而獲得之開孔部的錐度最恰當於通過孔之流體的流動作用。

雷射光的聚光特性、材料的射束吸收特性及脈衝特性對這些微細切斷有很大影響。二氧化碳雷射的波長為 10.6μm，而光纖雷射的波長為少一位數的 1.07μm，且理論上的聚光特性提高一位數。此外，因為光纖雷射之金屬材料的光束吸收特性也提高，所以即使比較低之輸出仍可使被加工物熔融而切斷。可以奈米秒、皮秒、飛秒單位控制雷射光照射時間的超短脈衝雷射可進行非熱性溶損加工，並非過去熔融而加工的熱加工，實現了熱影響小的高精度微細切斷。

提供：COHERENT JAPAN, INC.

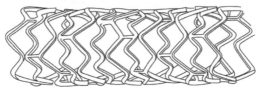

心導管支架：直徑 1.5 mm，厚度 0.1 mm，切斷精度 ±10 μm

圖 1-4-23 用雷射切斷的心導管支架

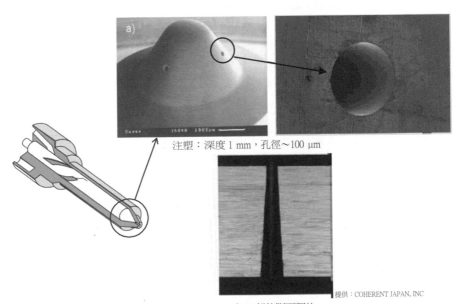

注塑：深度 1 mm，孔徑～100 μm

提供：COHERENT JAPAN, INC

加工部的斷面照片

圖 1-4-24 用雷射製成注塑的開孔

POINT
改善微細切斷所需的聚光特性與脈衝特性
提高金屬材料的光束吸收特性
利用溶損)(非熱加工)切斷

4.9 微細的表面改良應用

微細的表面改良應用
追求表面改良的可能性

　　輸送機械及產業機械等中要求更高熱效率、提高可靠性、高功能化及高附加價值化。摩擦學即是解決這些問題的基礎技術。摩擦學技術開發時，著眼於降低成本及提高性能，以促進採用減輕環境負擔的滑動材料、潤滑劑及製造程序等作為課題。並特別期待表面改良技術（表面結構技術）作為同時解決這些課題的手段。要求結構部件材料的性質、與要求形成與外部邊界之材料表面的性質未必一致。因此如**圖** 1-4-25 所示，將滑動面表面所需的性質與內部分開賦予，藉由在內部與外部的功能角色分擔，謀求被加工物的高性能化。

　　改善摩擦學特性而採用表面結構技術（考慮滑動特性時）的期待效果包括：①產生動壓，②對滑動面供給潤滑由，③雜質的排出及捕捉。該加工方法係進行噴砂、化學蝕刻及精密機械加工，不過無法期待達到更高功能的要求。

著眼點&效果

　　雷射加工由於高密度光能的控制性佳，不需要如電子束多離子束的高度真空環境，因此今後的利用應該會擴大。近年雷射技術的進步驚人，已開發出具有短波長化、短脈衝化、高脈衝頻率化之新功能及性能的各種產品。短波長之準分子雷射、短脈寬之皮秒及飛秒雷射的加工原理，並非如板金之雷射切斷或雷射焊接的熱加工，而是可進行稱為溶損的非熱性除去加工。**圖** 1-4-26 顯示皮秒雷射之磨損加工的概念圖。因為對被加工物的熱影響非常小，對被加工物表面不產生破片及微小裂紋，可高精度控制加工形狀，所以可期待高功能的表面結構。**圖** 1-4-27 顯示在聚碳酸酯表面照射雷射，進行表面改良之例。目前也積極進行此種超短脈衝雷射之表面功能化的現象分析研究[6]。

軸承

滑動特性的改善
・產生動壓
・對滑動面供給潤滑油
・雜質的排出及捕捉

圖 1-4-25　滑動部的表面改良

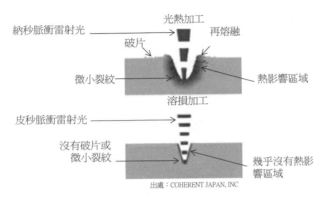

光熱加工

納秒脈衝雷射光

再熔融

破片

微小裂紋

熱影響區域

溶損加工

皮秒脈衝雷射光

沒有破片或
微小裂紋

幾乎沒有熱影
響區域

出處：COHERENT JAPAN, INC

圖 1-4-26　溶損加工的概念圖

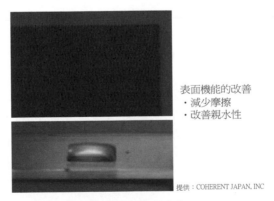

表面機能的改善
・減少摩擦
・改善親水性

提供：COHERENT JAPAN, INC

圖 1-4-27　聚碳酸酯的表面改良

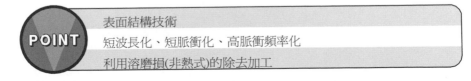

POINT

表面結構技術

短波長化、短脈衝化、高脈衝頻率化

利用溶磨損(非熱式)的除去加工

4.10 考慮截面錐度的精度指定

有效運用截面的錐度

過去工法

　　板金零件在圖面上指定尺寸如**圖** 1-4-28 所示，通常是以板金無錐度為前提顯示板厚的上部與下部皆相同。但是雷射切斷時，切斷溝寬的上部與下部發生差異，而在截面產生錐度（**圖** 1-4-29）。此外，受到雷射光的偏光度影響，依加工方向而在切斷溝產生不同的傾斜。**圖** 1-4-30 是以二氧化碳雷射與光纖雷射切斷板厚為 19mm 的軟鋼材料時的切斷溝截面照片。錐度程度依雷射振盪器的種類而異，上部與下部的溝寬產生約 0.2~0.3mm 的差異。再者，不銹鋼切斷時，為了防止溶渣附著到背面，需要使錐度更擴大，以增加通過切斷溝之輔助氣體流量。

　　不瞭解這些現象而在圖面上指定尺寸（上部）時，零件插入是以必要的結構插入板金上部，不過在板厚中途形成停止狀態。加工零件的外形為嵌合構造時，嵌合位置高度亦形成偏差狀態。

著眼點&效果

　　雷射切斷零件時，須瞭解切斷溝形狀與零件精度的關係，明確記載板厚的上部與下部分別指定何種尺寸。**圖** 1-4-31 所示之插入零件的嵌合例，孔徑並非較大之上部直徑 A，而是指定妨礙插入零件通過之狹窄側的下部直徑 B。再者，活用重現性良好地形成該雷射截面上產生的錐度之特徵，可利用該錐度固定零件。例如**圖** 1-4-32 所示之可在雷射切斷的板金零件上直接固定軸承。該案例因為可減少過去所需的軸承固定零件，所以具有減輕裝置重量及降低成本的效果。

　　此外，注意到受圓偏光度的影響，切斷溝依雷射切斷方向而傾斜的現象，孔加工的方向須始終一定。孔加工時，不限制右轉切斷或左轉切斷等而組合時，背面的孔精度會發生偏移。再者，藉由進行同一方向的加工，可設定共通的偏位量，所以可簡化加工作業。

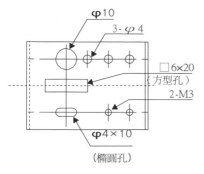

圖 1-4-28 一般的指定尺寸

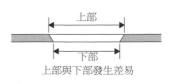

上部與下部發生差異

圖 1-4-29 雷射截面產生錐度

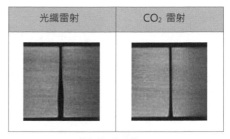

SS400　19 mm 的切斷溝形狀

圖 1-4-30 軟鋼的切斷溝截面照片

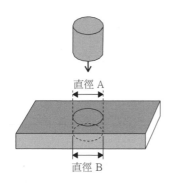

要指定哪一種？

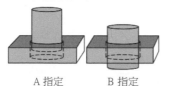

A 指定　　　B 指定

圖 1-4-31 直徑的指定

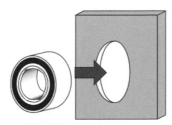

用板金零件的殼體來固定軸承

圖 1-4-32 利用錐度固定的舉例

POINT

瞭解板厚上部與下部的指定尺寸

運用錐度的嵌合結構

掌握錐度量變化的因

雷射切斷零件的圖面指示

考慮雷射切斷產生之錐角的圖面指示例子顯示於**圖** 1-4-33。在直徑為 10mm 的孔加工中，假設在底面側進行嵌合的情況，並附加註記的記載與截面的說明。

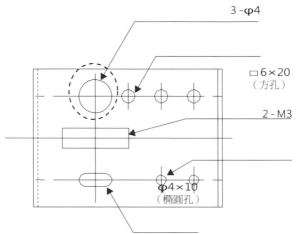

φ10
雷射加工　註1）

3 - φ4

□6×20
（方孔）

2 - M3

φ4×10
（橢圓孔）

註1）根據雷射加工，板下面孔尺寸雖為加工時指定
尺寸，但上面孔尺寸的熔融量會變大

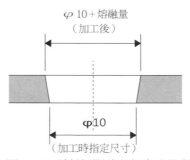

φ 10＋熔融量
（加工後）

φ10

（加工時指定尺寸）

圖 1-4-33　**雷射切斷註記錐度時的舉例**

第 5 章

縮短交貨期

5.1 從鑄件構造改為板金構造的檢討

更有彈性的生產

過去工法

圖 1-5-1 所示的馬達框架等外殼的構造，優先考慮降低製造成本及提高生產性，而多採用鑄件構造。但是，因為鑄件構造的鑄件表面粗度不佳，或是因製造工程而發生凹凸，所以無法在鑄件面上直接安裝零件。因而，在鑄件表面進行機械加工，事前須形成安裝面。此外，鑄件構造也有在其製造工程需要保留鑄造脫模孔，會在產品表面形成凹洞，因而導致局部剛性降低等的問題。再者，產品需要變更設計時，需要再度設計鑄型，產品生產結束後還需要倚賴維修保養零件來長期保管模具。

著眼點&效果

解決這些問題的對策為考慮焊接板金部件的結構體。特別是板金部件的切斷與焊接採用雷射加工，可進行高精度的產品加工。圖 1-5-2 之例是在圓筒狀成形的鋼板框架表面焊接被雷射切斷的冷卻葉片及基座零件。輔助氣體使用氧進行雷射切斷的零件，在焊接前需要除去截面的氧化被膜，不過，因為切斷面精度高，所以切斷面可不需要再做任何加工下進行組合焊接。雖然冷卻葉片與框體的焊接部在狹窄的最裡面位置，但是因為雷射屬於非接觸加工，且基於傳播光進行焊接的原理，所以可輕易進行焊接。

鑄件構造採用鋼板框架之焊接構造的優點整理如下。

  ①凹洞或缺損少，可提高剛性。

  ②不需要鑄型，可彈性因應設計變更。

  ③針對客製化建立生產線容易。

  ④因為厚度無限制，可計算結構進行理想設計。

  ⑤可以最佳設計減輕重量。

  ⑥可簡化加工工程，縮短交貨期。

  ⑦不需要保管產品製造及針對維修零件的模具。

  ⑧焊接性佳，可提高與其他產品（零件）的組合自由度。

〈 鑄件構造的缺點 〉
① 發生凹洞或缺損，會降低剛性
② 變更產品的設計，則需變更鑄型
③ 可對應量產加工的製造生產線
④ 產品的厚度有限制
⑤ 從需要的厚度來輕量化是非常困難的
⑥ 需要精修重視外觀的產品
⑦ 需要管理模具
⑧ 焊接性差

圖 1-5-1　鑄件構造

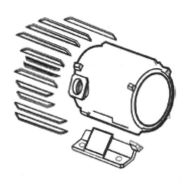

〈 鋼板構造的優點 〉
① 不會發生凹洞或缺損，剛性高
② 可彈性對應產品的設計
③ 可針對客製化建立製造生產線
④ 產品的厚度無限制
⑤ 因輕量化，各種方法變得容易
⑥ 即使是重視外觀的產品也不需表面精修
⑦ 不需保管模具
⑧ 焊接性好

圖 1-5-2　鋼板構造

消除凹洞或缺損，提高剛性

彈性因應設計變更

因應客製化建立生產線

5.2 對疊層模具的應用

大幅縮短拉延模具的試作時間

過去工法

　　一般而言，板金成形的模具是以放電加工機或加工中心將工具鋼加工，進行熱處理來製作。但是，此種加工法因為模具製造的交貨期長，所以存在無法彈性因應設計變更的問題。此外，產品更換模型後，為了因應維修零件的需求，所以需要長期間保管模具。因而，為了減少模具，都知道要採用雷射做疊層用模具板金的開孔切割。除此之外，對於板金拉延成形的模具，針對試作零件及多品種少量零件，也應該應用雷射技術。

著眼點&效果

　　與彎折加工用模具應用雷射的疊層零件不同，就拉延用模具為目的製造疊層金屬型時應用雷射加工的案例作介紹。

　　圖 1-5-3 顯示利用雷射加工製造疊層模具的原理，並組合對照決定各部分拉延深度之模具高度的板金板厚 [7]。若是單純形狀，可使切斷材料的內側與外側兩者部件對應疊層模具的凸模與凹模，有效活用雷射切斷材料。再者，雷射切斷規格也有在不充分的疊層金屬型的一部分組合切削部件的混合式疊層金屬型（圖 1-5-4）。圖 1-5-5 顯示藉由雷射切斷所製作的疊層模具，圖 1-5-6 顯示藉由該疊層模具所成形的板厚為 1mm 之 SECC 零件。此例為數日間進行從模具設計、製造、到最後產品加工為止。

　　由於以雷射高速切斷板金可以製造模具，因此大幅縮短製造時間。因而即使模具的設計變更仍可彈性因應。此外，因為可保管雷射切斷模具用 NC 資料，並依需要以切斷板金來製造模具，所以不需要保管模具。由於是組合零件的疊層模具，因此特別是應用在大型零件成形時，需要注意使用方法。擠壓成形時，需要考慮被加工物的板金從中心向外側伸展的特性來分配應力，藉以防止產品上產生縐紋。需要認識這些利用雷射的疊層模具耐用性比一般模具差。一般而言可加工到 200～300 個，並針對小批量產品。

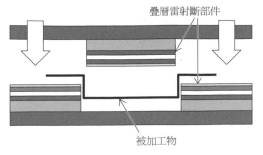

圖 1-5-3 疊層模具的原理

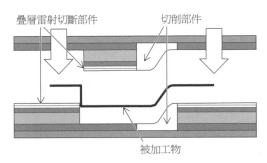

圖 1-5-4 混合式疊層模具的原理

提供：プレコ技研工業株式会社

圖 1-5-5 由雷射製成疊層模具

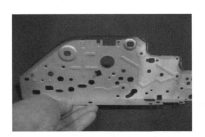

提供：プレコ技研工業株式会社

圖 1-5-6 疊層模具的加工零件

POINT

拉延用模具也應用疊層模具

對照模具拉延高度的板金板厚之組合

堆疊切斷材料內側與外側兩部件

5.3 疊層零件的考慮

以容易加工的板金零件疊層

過去工法

圖 1-5-7 所示之零件厚度大的形狀及需要挖盲槽加工（袋形構造）的零件，一般加工法為切削加工。但是，切削加工存在加工時間長、加工成本及材料成本增加、設計變更時無法彈性因應等的問題。由於瞭解雷射加工對於此種加工，無法實施挖盲槽加工，雷射切斷無法高精度切斷板厚等，因此並未檢討採用雷射加工方法。

著眼點&效果

如**圖** 1-5-8 所示，板厚大的零件①可疊層製造利用雷射切斷可確保良好精度的零件。此外，袋形構造②的零件亦可將對應於必要槽深度的數個板金進行孔加工，合併疊層底板作為側板來製造。進行這些加工時，會在雷射切斷的截面產生錐度，切斷的板厚愈大其錐度愈大。最後的加工零件須依所需的端面精度選擇雷射切斷之疊層零件最佳的板厚。要求高端面精度的對象，需要疊層可高精度切斷之薄板的雷射切斷零件。

圖 1-5-9 顯示疊層板厚為 4mm 之不鏽鋼的機構零件之例。因為該零件要求高密封性，所以以雷射焊接固定重疊零件的整個外周。

此外，如**圖** 1-5-10 所示，各個疊層零件有可能形狀改變。疊層零件也可進行從上部擴大內部的構造、及在內部設孔等一般切削困難的形狀加工。應用例為對於過去需要攻牙加工的零件，藉由在疊層零件內部的角孔插入螺帽，無須實施攻牙加工即可製造產品。

圖 1-5-11 顯示使用雷射切斷零件的疊層彎折模具之例。重疊 5 片板厚為 8mm 的不銹鋼，以雷射焊接固定。因為圖示的模具約 3 小時即可完成，所以比過去大幅縮短製造時間。此外，該方法亦可彈性因應設計變更等。

① 厚板零件

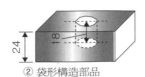

② 袋形構造部品

圖 1-5-7 切削加工的舉例

圖 1-5-9 以雷射焊接疊層零件的舉例

提供：倉膚雷射株式會社

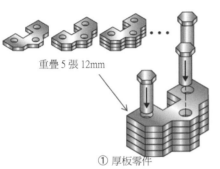

重疊 5 張 12mm

① 厚板零件

圖 1-5-8 雷射加工零件的疊層舉例

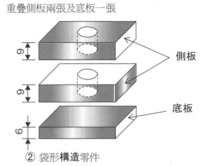

重疊側板兩張及底板一張

側板

底板

② 袋形構造零件

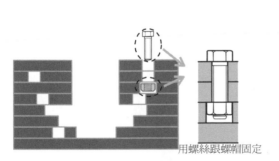

用螺絲跟螺帽固定

圖 1-5-10 袋形加工的應用

圖 1-5-11 疊層彎折模具

POINT	將切削零件改成板金零件構成的想法
	疊層內亦可做特別加工
	金屬形亦可彈性設計

對層疊模具的擴散接合檢討

隨著 5・3 項之疊層模具的普及，也積極進行其固定方法的研究。高精度接合時，如圖 1-5-12 所示，正檢討將板金零件在真空環境中進行加熱與加壓的擴散接合。

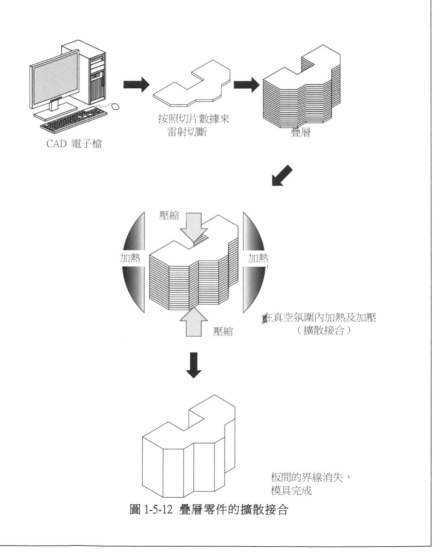

CAD 電子檔

按照切片數據來
雷射切斷

疊層

壓縮

加熱　　　　　　加熱

在真空氛圍內加熱及加壓
（擴散接合）

壓縮

板間的界線消失，
模具完成

圖 1-5-12　疊層零件的擴散接合

第 2 部

深入瞭解雷射加工
的基礎知識

第 1 章

基礎的基礎

1.1　影響雷射加工性能的因素

將高能密度的聚光於微小點之雷射光應用於加工的雷射加工法，可進行許多採用過去方法屬於困難的加工。雷射加工的用途包括：切斷、開孔、焊接、熱處理等，藉由適當控制影響各個加工性能之光能密度及輔助氣體等因素，即使同一個加工機仍可依各種用途而分開使用。

圖 2-1-1 顯示使用透鏡進行雷射加工時影響加工性能的因素。

（1）關於雷射光的因素

輸出形態包括連續輸出雷射光的 CW 振盪、及反覆開啟（ON）與斷開（OFF）的脈衝振盪。依雷射振盪介質而決定的波長影響加工對象的射束吸收特性。輸出表示光能大小，能率表示脈衝輸出中每 1 脈衝時間的光束開啟時間比率，頻率表示 1 秒鐘的振盪次數，射束模式表示光能的強度分布。此外，縮短 1 個脈寬時間可進行非熱加工。

（2）關於加工透鏡的因素

焦點距離表示從透鏡位置至焦點位置的距離，並影響在焦點位置的光點徑與焦點深度。加工透鏡型式包括抑制像差發生的凹凸透鏡、及一般的平凸透鏡。

（3）關於焦點光點的因素

點徑依透鏡規格而定，透鏡焦點愈短，其光點徑愈小。焦點位置表示焦點光點對被加工物表面的相對位置，並將上方定義為正值，將下方定義為負值。焦點深度表示在焦點附近接近光點徑之直徑所獲得的範圍。

（4）關於噴嘴的因素

噴嘴直徑影響被加工物的蒸發、熔融狀態及加工部的屏蔽性。為了使各方向的加工性能平均，噴嘴的前端形狀為圓形，噴嘴與被加工物表面的位置關係須隨時保持一定，並儘量狹窄。

（5）關於輔助氣體的因素

輔助氣體壓力影響經雷射光熔融之金屬從切斷溝內排出的作用。氣體種類影響加工品質及加工能力，切斷倚賴氧氣的燃燒作用，焊接及熱處理要求加工部的屏蔽性，依使用的噴嘴保持存在最佳的氣體流量。

（6）被加工物的因素

因素包括：影響光能消耗的材質及板厚，以及容易受到用於穩定吸收光束之表面狀態、熱集中影響的加工形狀。再者，焊接的因素還加上考慮材料對接頭的形狀。

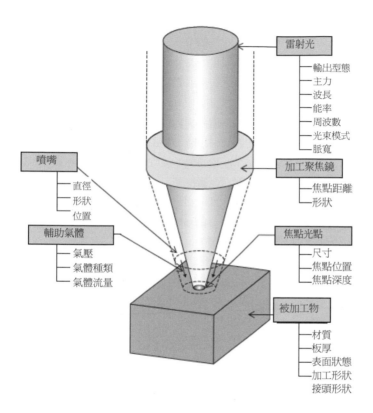

圖 2-1-1 影響加工的因素

1.2 主要加工用雷射的種類

　　加工用高輸出雷射大致上區分為氣體雷射與固體雷射。

　　用於板金加工的氣體雷射，過去使用二氧化碳雷射，如**圖** 2-1-2 所示，依放電方向、雷射氣流方向、及雷射光射出方向的差異，而包括①三軸正交型與②高速軸流型。振盪器雖結構不同，但雷射產生原理皆是將包含二氧化碳的混合氣體作為激射介質（雷射光產生源），並利用放電而激射。從雷射振盪器射出的雷射光被數個反射鏡反射而傳播至加工頭。

　　固體雷射過去使用以半導體雷射（或燈）激射稱為 YAG（釔鋁石榴石的簡稱）之玻璃狀結晶（固體）的雷射。但是，使用連續高輸出時，YAG 桿中產生稱為熱透鏡效應的熱變形，而使雷射光品質惡化。因此，為了減低該熱透鏡效應，而開發出**圖** 2-1-3 所示的激射介質使用光纖的①光纖雷射；以及激射介質使用平板狀（碟片狀）結晶的②碟片狀雷射。這些雷射光藉由光纖傳播至加工頭。此外，亦可利用高輸出半導體雷射對樹脂或金屬進行直接加工。不過，半導體雷射的加工對象為金屬材料時，因為聚光性不足不適合切斷，所以使用範圍限定在熱處理及焊接等的用途上。

　　表 2-1-1 顯示各種雷射光的波長。加工透鏡所聚光的雷射光，基本上波長愈短愈能集中成小點徑。愈是小點徑光能密度愈高，所以熔融金屬能力強而可高速加工。此外，波長也影響被加工物的射束吸收特性。**圖** 2-1-4 顯示雷射光之波長與各種材料的吸收波長帶，波長愈短各種材料的吸收率愈高。

　　高功率輸出半導體雷射對鋁的吸收率為光纖雷射的 2 倍，也為二氧化碳雷射的 10 倍，而廣泛用在熱處理及焊接用途上。但是，半導體雷射最大的問題是前述的聚光特性低，因而期待改善聚光特性的研究有助於擴大應用在切斷領域。

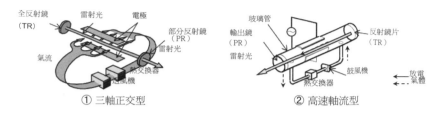

圖 2-1-2 氣體雷射

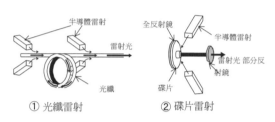

① 光纖雷射　　② 碟片雷射

圖 2-1-3 固體雷射

分類	雷射的種類	波長（μm）
氣體雷射	CO_2 雷射	10.6
固體雷射	光纖雷射	1.07
	碟片雷射	1.03
	半導體雷射	1.04 ～ 0.81

表 2-1-1　各種雷射光的波長

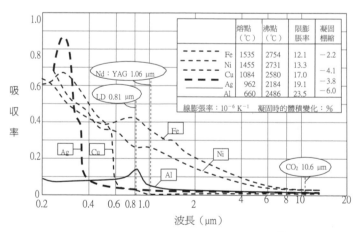

	熔點（℃）	沸點（℃）	線膨脹率	凝固棚縮
Fe	1535	2754	12.1	−2.2
Ni	1455	2731	13.3	−4.1
Cu	1084	2580	17.0	−3.8
Ag	962	2184	19.1	−6.0
Al	660	2486	23.5	

線膨張率：$10^{-6} K^{-1}$　凝固時的體積變化：%

圖 2-1-4　波長與吸收率的關係（光束吸收率性）[8]

1.3 雷射加工的種類與特徵

　　依照射於被加工物的雷射光之光能密度及照射時間與輔助氣體的作用而進行不同的加工。**圖** 2-1-5 是以雷射光之照射時間與被加工物的溫度變化之關係概念性顯示關於切斷、焊接、淬火之加工現象的差異。金屬材料在溫度低的狀態下為固態，當到達熔點時變成液態，進一步到達沸點時變成氣態。雷射加工是依加工目的，對該三態變化的時間與上昇溫度作最佳控制來進行各種加工。

　　提高設定照射之雷射光的光能密度時，金屬狀態如圖中的 A 線所示在短時間從固態變成液態、氣態。結果可進行對周圍熱影響小的開孔或切斷加工。

　　圖中 B 線的情況，是以比 A 線低的光能密度且花費時間到達氣態者，不過其大部分保持設定在液態狀態。藉由該態變化進行焊接加工。雷射焊接是在光能密度高的加工頭下方形成小孔，將周圍產生的熔融金屬回填在小孔內進行焊接。

　　圖中 C 線的情況是進一步花費時間使表面溫度上昇，在固態狀態下停止溫度上昇進行淬火。

　　活用此種可輕易控制雷射光之光能密度及照射時間的特徵，實現以下所示的雷射加工。

①陶瓷、玻璃（石英等）、磚瓦、人工大理石等硬脆性材料可輕易加工。

②因為屬於非接觸加工，所以加工中不產生反作用力，塑膠、布料、橡膠、紙等材質、及板厚極薄的對象不致變形，可高精度加工。

③與 NC 控制裝置組合，可藉由圓弧與直線、或自由曲線製作的程式進行加工，切削及磨削可對無法加工的複雜形狀及微細形狀進行加工。

④因為屬於非接觸加工，所以加工中產生的噪音極少，不論加工機的設置環境為何，夜間亦可連續運轉。

⑤藉由控制雷射光的光能密度及強度分布，可進行切斷、焊接、熱處理。

⑥因為二氧化碳雷射可在大氣中以小擴散角傳送至遠方，光纖雷射可利用光纖傳送，所以加工範圍擴大，可進行分時加工。

⑦因為射束的聚光點徑小可進行局部加工，所以可進行加工變形及熱變形小的加工。

⑧可利用半反射鏡及全息等光學零件對雷射光的分光技術進行高效率加工。

⑨與電子束加工比較，由於不需要真空，不產生 X 射線，不受磁場的影響，因此比較容易建立加工系統。

⑩因為光纖雷射可光纖傳送雷射光，所以可輕易建立與機器人等組合之複雜射束傳播路徑的加工系統。

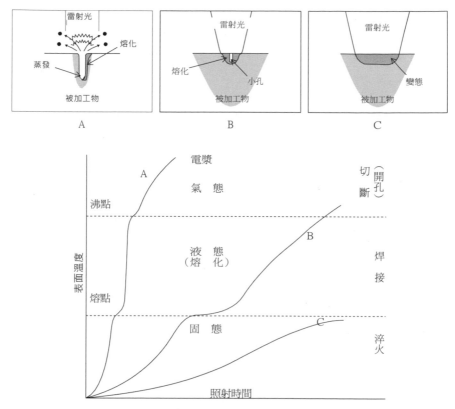

圖 2-1-5 加工現象及態相變化

1.4 CW 輸出與脈衝輸出

　　雷射輸出包括**圖 2-1-6** 所示的 CW 輸出與脈衝輸出兩種輸出形態。CW 輸出是連續產生雷射光的形態，而脈衝輸出是斷續產生的形態。脈衝輸出可以能率與頻率的無數組合來設定，而 CW 輸出也可說是一種能率 100%的脈衝輸出。以下說明關於 CW 輸出與脈衝輸出的條件參數。

（1）　**能率（Duty %）**

　　脈衝輸出是使雷射光反覆開啟、斷開而產生，藉由始能率變化，可任意改變該開啟、斷開時間的比率。能率值以「%」表示每 1 個脈衝時間的光束開啟時間比率。

（2）　**頻率（Hz）**

　　是 1 秒鐘射出的脈衝次數，板金加工時通常在 10~3000Hz 的範圍變化來進行加工。頻率的適當值在與加工速度的關係中決定，低速時降低設定頻率，高速時提高設定頻率。

（3）　**平均輸出功率（W）**

　　所謂平均輸出是將脈衝振盪的輸出功率每時間平均，並以「W」來表示。脈衝輸出功率的條件設定，單就輸出功率而言即是該平均輸出功率。在控制裝置監視器上顯示之加工中的輸出功率爲該平均輸出功率。

（4）　**峰值輸出功率（W）**

　　脈衝輸出功率的 1 個脈衝瞬間的輸出高於平均輸出功率，此稱爲峰值輸出功率。峰值輸出功率不顯示在 NC 的加工條件顯示畫面上，通常是從平均輸出功率與能率的關係計算求出。峰值輸出功率（W）的 P_P、平均輸出功率（W）的 Pa、能率（%）的 D 存在以下的關係。

　　$P_P = Pa / D$

　　圖 2-1-7 顯示脈衝的平均輸出功率 600W、能率 20%、頻率 100Hz 與 CW 輸出 600W 的關係。本例中 1 個脈衝時間（T）爲 0.005 秒，脈衝開啟時間爲 0.001 秒，脈衝峰值輸出功率爲 3000W。

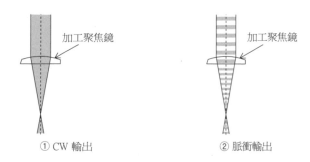

圖 2-1-6 雷射光的輸出形態

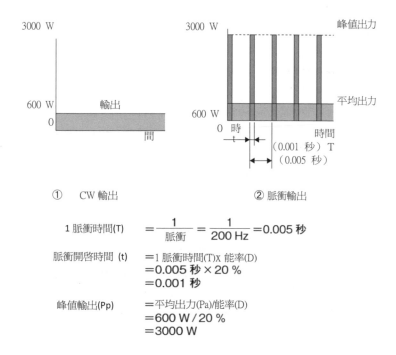

$$1 \text{ 脈衝時間(T)} = \frac{1}{\text{脈衝}} = \frac{1}{200 \text{ Hz}} = 0.005 \text{ 秒}$$

脈衝開啓時間 (t)　＝1 脈衝時間(T)x 能率(D)
　　　　　　　　＝0.005 秒×20 %
　　　　　　　　＝0.001 秒

峰值輸出(Pp)　＝平均出力(Pa)/能率(D)
　　　　　　　＝600 W / 20 %
　　　　　　　＝3000 W

圖 2-1-7　CW 輸出跟脈衝輸出的參數

1.5 對光學系統（透鏡）的聚光特性與切斷特性的影響

　　雷射光的焦點點徑與焦點深度依加工透鏡的焦點距離而異，所以加工特性受到焦點距離的影響。通常加工機中可安裝數種加工頭（透鏡），變焦功能可改變焦點距離。為了最大限度發揮加工性能來進行加工，須充分瞭解其特性後選擇最佳的光學系統。

　　加工透鏡的光束聚光特性可由以下公式來表示。

點徑 $\omega_0 = 4f \lambda M^2 / \pi D$

焦點深度 $Z_d = \omega_0^2 \pi / \lambda M^2$

　　其中，f 為加工透鏡焦點距離，D 為透鏡入射光束直徑，λ 為波長，M^2 為表示射束品質的參數。如**圖 2-1-8** 所示，f 大之①長焦點透鏡（f10"）其聚光點徑與焦點深度大，②短焦點透鏡（f5"）則小。波長 λ 比二氧化碳雷射短的光纖雷射，其點徑 ω_0 小，焦點深度 Z_d 亦小（淺）。

　　以下顯示這些聚光特性與切斷加工的關係。

（1）切斷薄板

　　在切斷溝內熔融金屬液流動性不影響加工品質的薄板切斷，最宜採用可儘量縮小點徑的短焦點透鏡。再者，因為短焦點透鏡可提高光能密度，所以熔融能力高，在高速切斷時發揮效果。此外，因為切斷寬狹窄，所以可減少熔融金屬產生量的加工，對於低熱量輸入的加工為必須條件的微細加工也有效。

（2）切斷厚板

　　厚板加工時，為了使切斷溝內的金屬液流動性為最佳，需要擴大切斷溝寬。此外，為了朝向板厚方向下部能維持雷射光的在高光能強度，需要大（深）的焦點深度。基於以上因素，厚板切斷時使用長焦點的加工透鏡。此外，使用長焦點透鏡時，可增大從加工位置到加工透鏡的距離，亦有可防止厚板切斷中產生的粉塵及飛濺附著在加工透鏡上的效果。

　　最近日益要求自動化，特別是藉由高速切斷性能大大期待高生產性的光纖雷射，

自動調整加工透鏡不同焦點距離的變焦加工頭也已普及。再者，變焦加工頭也具有從最適合薄板切斷品質的光束模式自動調整成最適合厚板之光束模式的功能。

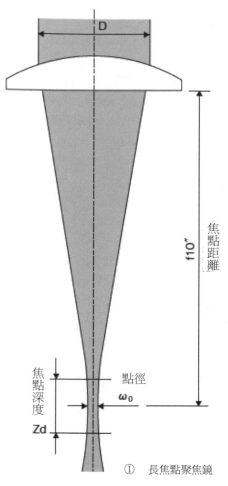

① 長焦點聚焦鏡

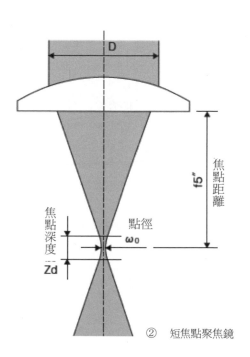

② 短焦點聚焦鏡

$$\omega_0 = \frac{4M^2 \lambda f}{\pi D} \qquad Zd = \frac{2\pi \omega_0^2}{\lambda M^2}$$

ω_0：點徑
Zd：焦點深度
λ：雷射光的波長
f　：鏡片的焦點距離
D　：射入鏡片的光束直徑
M^2：光束參數

圖 2-1-8　加工聚焦鏡片的集光特性

1.6 來自噴嘴的輔助氣體流動特性

　　與雷射光照射的同時，從噴嘴噴射到被加工物的輔助氣體，擔任了提高加工品質及加工性能的重要角色。

（1）各種加工與輔助氣體的角色

　　與雷射光同軸狀從噴嘴噴射到被加工物的輔助氣體，如**表 2-1-2** 所示，氣體種類及其控制方法依加工內容與加工材料而異。

　　切斷時，使用氧氣的金屬加工中，具有引起氧化燃燒反應、提高加工速度及擴大加工對象板厚的效果。但是，因為切斷面會產生氧化膜，所以為了防止該氧化膜，使用氮氣的無氧化切斷主要運用在不銹鋼的切斷。此外，為了降低輔助氣體成本，也進行使用空氣的薄板切斷。鈦及鈦合金的切斷時，為了防止氧化或氮化而使用氬氣。

　　焊接與淬火基於防止加工部與大氣接觸而氧化的目的是使用氬氣。相同或異種材料包覆生成時使用氬氣－作為搬運粉末的載氣與擔任屏蔽氣體角色的氣體。

　　以上各種輔助氣體的控制是在比較高壓力的使用條件下進行壓力控制，在低壓力的使用條件下進行流量控制。

（2）適合加工目的的噴嘴

　　為了充分發揮從噴嘴噴射之輔助氣體的角色，需要選擇可達到效果之規格的噴嘴。**圖 2-1-9** 顯示從噴嘴噴出之輔助氣體濃度隨著從噴嘴出口離開而逐漸降低的狀態（等濃度線）。圖中 C0 表示噴嘴內的氣體濃度，C 表示輔助氣體從噴嘴噴出後在各位置的氣體濃度，圖中顯示 C／C0 的比率如何變化。該濃度降低是因為從噴嘴噴射輔助氣體時，捲入了周圍的氣體（空氣）所導致。為了使噴嘴內的氣體濃度即使在從噴嘴離開的距離依然保持，需要使輔助氣體形成高壓力、或增加流量、或增大噴嘴口徑。厚板無氧化切斷時所需之噴嘴內的高壓力，顯示從噴嘴噴出後在高壓狀態所保持的區域（等速區）也有與上述濃度的變化同樣的情況。考慮以上特性，整理各種加工的最佳噴嘴顯示如**表 2-1-3**。

加工內容	加工材料	氣體種類	控制方法
切斷	軟鋼 不銹鋼	氧 氣體 氮	壓力
切斷	壓克力	氣體 氮	流量
切斷	鈦	氬	壓力
焊接	軟鋼 不銹鋼	氬 氮	流量
淬火	工具鋼	氬	壓力
堆融包覆	鈷合金粉末	氬	流量

表 2-1-2 加工及輔助氣體的種類

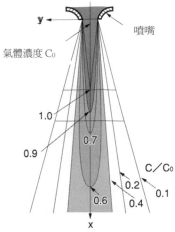

圖 2-1-9 輔助氣體的等濃度線

區分	材質	板厚 （mm）	要求性能	噴嘴式樣 及孔徑	備註
切斷 （氧）	黑鐵	3 6 9 12 16 19 22 25	改善切斷面粗度 改善高速切斷能力 減少熔渣量 減少氣體消費量	A：φ 1～1.5 A：φ 2～2.5 B	噴嘴式樣 A：單孔形狀 B：雙孔形狀
切斷 （氮）	不銹鋼	1 3 6 9 12 16	減少熔渣量 改善高速切斷能力 防止切斷面酸化 （屏蔽能力） 減少氣體消費量	A：φ 1 A：φ 1.5 A：φ 2 A：φ 3 A：φ 4、B A：φ 5、B	噴嘴式樣 A：單孔形狀 B：雙孔形狀
焊接 淬火	一般金屬	——	防止加工面酸化 （屏蔽能力） 防止加工表面粗度	A：φ 4～6	噴嘴式樣 A：單孔形狀

表 2-1-3 噴嘴的條件

1.7 用於二氧化碳雷射加工機的加工(切斷)頭的構造與功能

　　用於二氧化碳雷射加工機的加工頭由**圖** 2-1-10 所示的元件構成，為了使加工能力提高，且其能力能承受長時間連續運轉，而擁有以下所示的功能。

①具備加工透鏡，將從振盪器射出之直徑 15~25mm 的雷射光聚光成最適合加工的光能密度。

②在加工透鏡下導入輔助氣體，將該輔助氣體與雷射光同軸狀地噴射到被加工物。

③在加工頭前端安裝有與雷射光同軸狀地噴射輔助氣體的噴嘴，並配合加工內容選擇最佳的噴嘴。

④使噴嘴普遍具有即使高速度切斷，不致與金屬的被加工物接觸，且與噴嘴保持一定距離的靜電電容感測器功能。被加工物並非金屬時，使用接觸式感測器。

⑤需要使雷射光的位置對噴嘴中心一致，因而具有調整噴嘴位置或透鏡位置的功能。

⑥為在噴嘴與被加工物的間距能保持一定的情況下做焦點位置變化，加工透鏡在加工頭內部可單獨做調整的功能。

⑦因為加工透鏡的溫度宜低，所以將固定加工透鏡的零件（透鏡固定座）進行水冷，間接冷卻透鏡。

⑧從加工透鏡上部側噴射氮氣或乾燥空氣至透鏡實施冷卻，並且該氣體也用作光路的潔淨氣體。

⑨在加工透鏡上部側配置光感測器，藉由通過噴嘴測定加工部的光量，而具有防止燃燒、離焦、防止電漿等的功能。

⑩也有在加工透鏡的上部側配置煙霧檢知感測器，具有當透鏡燒損時停止加工的功能。

　　2 次元加工機與立 3 次元加工機的加工頭，基本上具備前述全部功能或一部分功能。雷射切斷時，對被加工物的加工面垂直照射雷射光是基本的加工。立體加工機為了高速切斷，需要高速控制雷射光對被加工物的照射角度，其構造複雜。**圖** 2-1-11 顯示 2 次元加工機與 3 次元加工機的加工頭比較。3 次元加工機的加工頭，其加工目的為專用於高速切斷、或兼用切斷與焊接、或專用於深拉延形狀，並分開使用一點指向型與偏置補正型的加工頭。

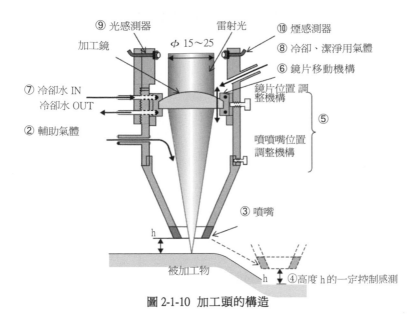

圖 2-1-10 加工頭的構造

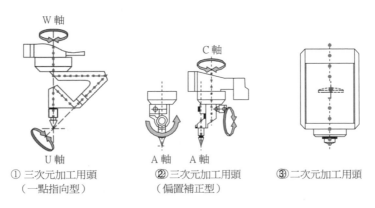

圖 2-1-11 加工頭的種類

1.8 用於光纖雷射加工機的加工(切斷)頭構造與功能

　　用於光纖雷射加工機的加工頭由**圖** 2-1-12 所示的元件構成，對加工對象基本上具有與二氧化碳雷射用加工頭類似的功能。

①從光纖射出的雷射光為了提高聚光特性，以準直平行集光透鏡調整其擴散角度與光束直徑。

②加工透鏡將從準直平行集光透鏡射出的雷射光聚光成最適合加工的光能密度。此外，也開發出可自動調整聚光特性的變焦光學系統。

③在加工透鏡下導入輔助氣體，將該輔助氣體與雷射光同軸狀地噴射到被加工物。

④在加工頭前端安裝有用於控制輔助氣體的噴嘴，並配合加工目的選擇最佳的噴嘴。

⑤使噴嘴普遍具有即使高速度切斷，採用將金屬的被加工物與噴嘴保持一定距離的靜電電容感測器也一般化了。

⑥需要使雷射光的位置對噴嘴中心一致，因而具有調整噴嘴位置或透鏡位置的功能。

⑦因為在噴嘴與被加工物的間距能保持一定的情況下做焦點位置變化，加工透鏡在加工頭內部可單獨做調整的功能。

⑧從透鏡上部側充填氮氣或乾燥空氣，藉由在加工頭內加壓防止粉塵進入。

⑨利用加工透鏡保護鏡防止來自加工部的飛散物污染加工透鏡表面。

⑩在加工透鏡保護鏡側面配置感測器，監視加工透鏡保護鏡的狀態。也可具有當保護加工透鏡保護鏡燒損時停止加工的功能。

　　由於光纖雷射的最大特徵為薄板的高速切斷，因此針對高速性而要求重量輕。此外，通常也有針對突發性撞擊事故，避免大撞擊力觸及本體而吸收該撞擊力的構造。再者，為了簡化撞擊後的復原作業，也開發出磁性固定加工頭的方法及自動更換噴嘴功能等，因應量產加工而進行精加工。

高速切斷要求高的光纖雷射加工機之加工頭，在加工中與豎起之被加工物碰撞的可能性增加。加工機須避免碰撞時的撞擊影響到加工機本體，並採用可輕易進行碰撞之復原作業的構造。因而，加工機多採用磁性方式構造，並與加工頭結合。

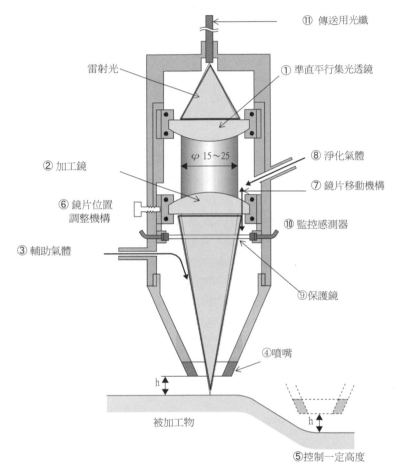

圖 2-1-12　加工頭的構造

1.9 雷射加工系統的結構

　　產生雷射光部分的共振器包含電源及冷卻裝置，而氣體雷射是包含雷射氣體供給及循環裝置而構成者，即是雷射振盪器。再者，包括將從振盪器射出的雷射光傳播至加工位置的結構、及加工所需功能的結構等全部，稱為雷射加工系統。

　　圖 2-1-13 顯示二氧化碳雷射的加工系統。冷卻裝置為兩系統結構，冷卻振盪器的一次側冷卻系統進一步以水冷方式或氣冷方式的二次側冷卻系統冷卻。圖中顯示二次側冷卻系統使用水冷方式的冷卻水塔之例。雷射氣體從事前混合所需氣體組合的儲氣瓶供給，或採用排列單獨的組合氣體（儲氣瓶），在使用時才混合的方法。雷射氣體消耗量少之二氧化碳雷射加工機，通常使用事前混合所需氣體組合的儲氣瓶。

　　從振盪器射出的雷射光在配置了銅反射鏡的光程中（空間）傳送至加工頭。該光路中需要保持高度潔淨狀態（淨化），避免通過的雷射光衰減，且避免銅反射鏡污染。因而裝設生成乾燥空氣的淨化用壓縮機、或是氮氣供給單元。此外，銅反射鏡也需講求高度保持安裝設置精度，不致造成雷射光位置偏差。傳送至加工頭的雷射光以加工透鏡聚光，並從噴嘴與輔助氣體一起照射於被加工物。該輔助氣體需要依加工對象及加工量來選擇氣體種類及氣體供給裝置。為了使加工台或加工頭高速且高精度動作，並為了高速控制雷射光而具備 NC 裝置。也需要製作加工形狀程式的程式設計裝置。

　　圖 2-1-14 顯示光纖雷射的加工系統。與二氧化碳雷射系統主要差異在於不需要雷射氣體供給單元、不需要用於從共振器至加工頭藉由光纖傳送的光路潔淨功能、因為從電轉換成雷射光的效率高所以冷卻裝置體積小等。再者，也檢討藉由振盪器尺寸小型化與光纖傳送雷射光，在大型加工台的系統中，即使將振盪器搭載於加工機上，仍可高速驅動的系統。

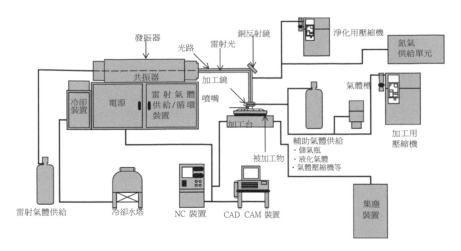

圖 2-1-13　二氧化碳雷射的加工系統結構

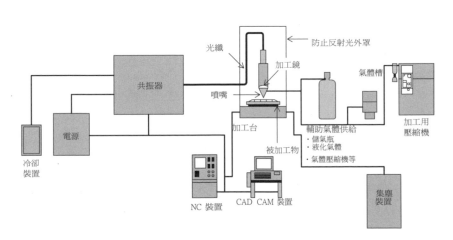

圖 2-1-14　光纖雷射的加工系統結構

1.10 熔融加工（熱加工）與磨蝕加工（非熱加工）

所謂熔融加工（熱加工）如**圖** 2-1-15 所示，是金屬材料表面吸收雷射光，原子、分子開始振動，該振動引起發熱。進一步繼續照射雷射光時，其振動的振幅擴大，產生的熱增加，且因熱傳導使其影響擴大到照射部周圍。在該狀態下引起熔融，進一步蒸發而引起物質飛散。該振動的痕跡殘留在加工區域周圍者也可說是熱影響。

熱加工是藉由代表二氧化碳雷射及光纖雷射等的紅外線雷射進行者，且以金屬材料（黑鐵、不銹鋼等）的焊接、切斷、淬火、表面改良、樹脂系材料熔敷等為對象。該紅外線雷射加工對象的板厚比較厚（0.5mm 以上），且使用在加工形狀尺寸小的電子零件到大型汽車零件、鐵道車輛零件等寬廣領域。

所謂磨蝕加工（非熱加工）如**圖** 2-1-16 所示，是在吸收雷射光的部位發生多光子吸收，瞬間激勵材料電子而直接分解原子、分子的結合，藉由物質飛散進行的除去加工。再者，因為雷射光的照射時間設定比原子、分子產生振動短，所以可在產生熱之前結束照射。結果，可對加工部周邊熱影響小而進行加工。磨蝕加工時，照射雷射光的條件為使用獲得充分高峰值輸出及光能密度的超短脈衝雷射。**表** 2-1-4 顯示熱加工用紅外線雷射與非熱加工用超短脈衝雷射的種類。

但是，以超短脈衝雷射進行磨蝕加工時，還有對板厚方向不致發揮大加工能力的加工特性。為了增加對板厚方向的加工能力，而增加脈衝數、或謀求延長脈衝時間而增加光能時，則形成熔融的痕跡殘留在加工部的熱加工狀態。因而，從目前的雷射振盪器規格（輸出、光能密度等）而言，加工對象的主體為非金屬材料（陶瓷、玻璃、樹脂、矽等）的微細開孔及挖溝。另外，金屬材料的對象為板厚小的被加工物。此外，即使使用波長短之準分子雷射的高分子材料加工，同樣屬於磨蝕加工。

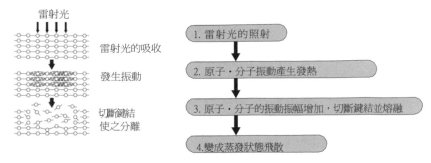

圖 2-1-15 熔融加工（熱加工）的原理

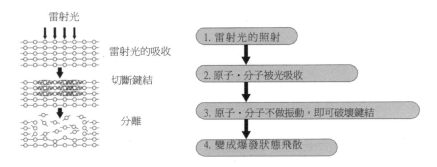

圖 2-1-16 磨蝕加工（非熱加工）的原理

雷射的種類	發振的形式	波長	脈衝寬度
CO_2 雷射	CW/脈衝	10.6 µm	0.3～100 ms
Nd：YAG 雷射	脈衝	1064 nm	01～20 ms
光纖雷射	CW/脈衝	1070 nm	1～100 ns
碟片雷射	CW/脈衝	1030 nm	0.1～100 ns
納秒雷射	脈衝	1064、532 nm	1～100 ns
皮秒雷射	脈衝	1064、532、355 nm	5～700 ps
飛秒雷射	脈衝	940 nm	10～數百 fs

表 2-1-4 雷射的種類

1.11 板金尺寸與雷射加工機的工作台尺寸

　　用於精密板金及一般板金加工的材料，在市場上是供應固定材料尺寸的板材。這些板材稱爲"標準尺寸板"，標準尺寸依材質及板厚而異。**表** 2-1-5 顯示關於黑鐵板與不銹鋼板標準尺寸材的尺寸與名稱（叫法）。此外，圖中記載有一般流通的尺寸與規格、流通量少的尺寸、無規格的尺寸。再者，軟鋼板及不銹鋼板中，依不同規格的材質，其產品系列不一，因此考慮從標準尺寸板採用零件時需要注意。

　　雷射加工機之工作台尺寸（加工範圍）的規格，按照該標準尺寸材的尺寸與流通量來決定，雷射加工機的機種齊全。因而，一般雷射加工機之工作台尺寸的規格爲「4×8」、「5×10」、「2m×4m」。再者，針對小型零件加工用也備有「4×8」一半尺寸的「4×4」，針對大行零件加工用備有將「5×10」4 片排列尺寸的「10×20」之規格。使用板金的產品設計時，事先要瞭解零件加工的材料規格及市場的流通性，關係到減少產品成本。例如醫療機器及食品機械等使用的不銹鋼板是以稱爲尺板（m 單位的尺寸）之標準尺寸材作爲標準而在市場流通。因此，藉由將設計如**圖** 2-1-17 所示，①並非忽略標準尺寸材的零件尺寸，②形成納入標準尺寸材的零件尺寸，③分割零件納入標準尺寸材，可節省材料費而謀求降低產品成本。

　　再者，倚賴雷射加工機切斷而進行加工時，也需要知道運轉（普及）之雷射加工機的尺寸，考慮零件編排成標準尺寸材的效率（利用率）。例如日本多爲「4×8」、美國多爲「5×10」與「2m×4m」的運轉台數。可以此種運轉數多的加工機尺寸製作零件，仍關係到加工零件的成本降低，因此設計人員需要考慮。

　　知道進行加工之對象加工機的生產性，也影響到委託加工的交貨期及成本等的掌握。雷射加工機的系統中，依標準尺寸材的加工量，有**圖** 2-1-18 所示的 3 種型式。

（1）單體的系統

基本上是針對少量加工的系統，並按照素材搬入、加工、加工品搬出的工程順序進行。因為主要用於試作或研究開發，所以重視操作性。

（1）軟鋼板

名稱	3×6	4×8	5×10	5×20
尺寸	914×1829	1219×2438	1524×3048	1524×6096
0.8 mm	△	△	×	×
1.6 mm	○	○	×	×
2.3 mm	○	○	○	×
3.2 mm	○	○	○	○
4.5 mm	○	○	○	○
6.0 mm	○	○	○	○
9.0 mm	○	○	○	○

（板厚）

（2）不銹鋼板材

名稱	1 m×2 m	3×6	4×8	5×10	2 m×4 m
尺寸	1000×2000	914×1829	1219×2438	1524×3048	2000×4000
1.0 mm	○	○	○	△	×
1.5 mm	○	○	○	△	×
2.0 mm	○	○	○	△	×
3.0 mm	○	○	○	△	×
4.0 mm	○	○	○	○	△
6.0 mm	○	○	○	○	△
8.0 mm	○	○	○	○	△

（板厚）

○：一般市面上流通　　△：雖有規格但流通量少　　×：無此規格　　■：主要加工機尺寸

表 2-1-5 標準尺寸材的種類及加工機尺寸

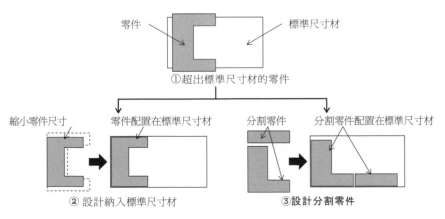

①超出標準尺寸材的零件

②設計納入標準尺寸材　　　　　③設計分割零件

圖 2-1-17 零件尺寸及標準尺寸材

（2）床台自動交換系統

將 2 片床台以穿梭方式自動交換用於連續加工的系統。因爲可同時進行加工工程，與預備床台搬入素材、及搬出加工品的工程，所以生產性提高。

（3）附料架連續加工系統

加工機與收納資材及加工品的料架合體，使更長時間連續加工性能提高的系統。依標準尺寸材的板厚分開使用系統。

① 床台交換系統因應中板至厚板的加工，在加工床台上搭載素材及零件情況下收納於料架中。

② 板材交換系統因應薄板，從料架的捆包材逐片供給素材，加工後的板材仍收納於貨架中。

③ 板材交換裝置與床台交換裝置兼用的系統，如字義具備①與②兩者功能。

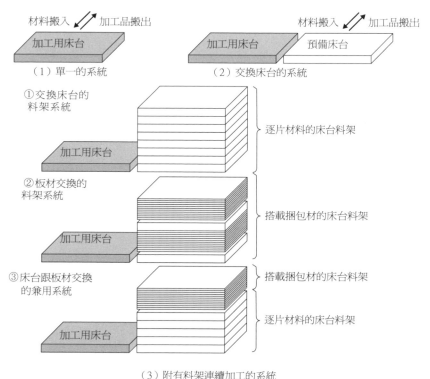

圖 2-1-18 加工機系統的種類

第 2 章

切斷的基礎

2.1 雷射切斷機制

　　雷射切斷的特徵為：切斷寬度及周圍產生之熱影響的範圍窄，因而可高精度切斷。但是反之，也有因為切斷寬度窄而產生的問題，需要妥當運用輔助氣體，謀求加工品質及加工能力的提高。

　　雷射切斷的能力若僅賴雷射光的光能仍有限度。還須利用氧氣的氧化反應熱、及高壓氮氣將熔融金屬從切斷溝排出之力，才能大幅提高切斷能力。圖 2-2-1 中顯示對軟鋼材料可以 1kW 的相同輸出進行之切斷能力與焊接能力的比較。焊接的輔助氣體為氬氣，因為壓力設定在 0.01MPa 以下，所以有助於焊道表面防止氧化等而提高品質，不過對於加工能力的提高幫助不大。從圖上瞭解，藉由切斷的輔助氣體，加工對象的板厚比焊接擴大約 5 倍。

　　如圖 2-2-2 的切斷原理圖所示，將截面上部約 2mm 寬的比較良好之切斷面粗度範圍定義為第一條痕，其下方稍微粗的切斷面粗度範圍定義為第二條痕。第一條痕是以雷射光的光能為主體進行加工的區域，第二條痕是將上部（第一條痕）的熔融金屬作為熱源，以氧氣的氧化反應及高壓氮氣促使熔融金屬的流動為主體進行加工的區域。因而，切斷速度愈大或加工板厚愈大，第二條痕部的切割波痕愈慢到加工後方。切斷面的第一條痕部分相當於焊接能力的焊透深度，第二條痕部分相當於加工能力藉由輔助氣體的擴大部分。

　　輔助氣體也擔任防止加工透鏡污染及冷卻加工透鏡的角色。如圖 2-2-3 所示，加工透鏡上附著飛濺渣而污染時，通過該部分的雷射光被吸收而使加工透鏡溫度上昇，導致聚光特性惡化。這個現象稱為熱透鏡效應，是加工不良的最大原因。加工透鏡進一步污染時，不但造成加工不良，也有透鏡破損的危險性。為了防止透鏡污染，是使輔助氣體與雷射光同軸地在加工透鏡下方流動，防止從加工部飛散的物質侵入噴嘴內。

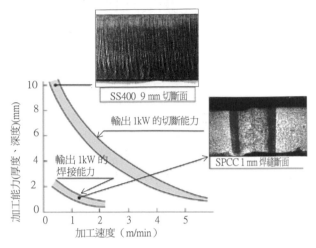

SS400 9 mm 切斷面

輸出 1kW 的切斷能力

輸出 1kW 的
焊接能力

SPCC 1 mm 焊縫斷面

圖 2-2-1 切斷與焊接的比較[9]

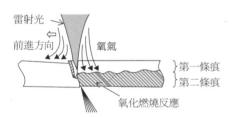

雷射光

前進方向　氧氣

第一條痕
第二條痕

氧化燃燒反應

圖 2-2-2 雷射切割的現象

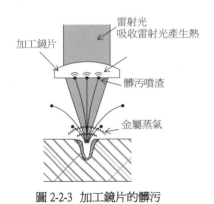

雷射光
吸收雷射光產生熱

加工鏡片

髒污噴渣

金屬蒸氣

圖 2-2-3 加工鏡片的髒污

2.2 焦點位置與切斷特性的關係

　　左右切斷品質及切斷能力等加工性能的主因中，關於影響比較大的焦點位置，說明與切斷的關係。

　　對被加工物表面聚光雷射光的焦點設置位置稱為焦點位置，會影響切斷溝寬度及錐度、切斷面粗度、溶渣的附著狀態、切斷速度等幾乎全部的加工性能。此因，在被加工物表面的光點徑及雷射光對被加工物的入射角度依焦點位置而改變，結果，影響切斷溝的形成狀態及雷射光在溝內的多重反射作用。再者，這些切斷現象也影響輔助氣體及熔融金屬在切斷溝內的流動狀態。

　　圖 2-2-4 顯示焦點位置 Z 與被加工物上部之切斷溝寬 W 的關係。將被加工物表面有焦點的狀態設為 Z＝0「零」，焦點位置移至上方時，以「＋：Z＞0」表示，移至下方時以「－：Z＜0」表示，移位量以 mm 單位表示。焦點位置 Z＝0 時，上部溝寬 W 最小，當焦點向上或下移位時，上部溝寬 W 皆擴大。該變化在使用不同焦點距離之加工透鏡時也顯示相同情況。但是，愈是在焦點位置之光點徑與焦點深度小的短焦距透鏡，隨著焦點位置的變化，上部切斷溝的變化愈大。

表 2-2-1 顯示加工對象與加工時最佳焦點位置的關係。

（1）焦點位置 Z＝0 時

　　在被加工物表面獲得最高光能密度、及熔融的範圍狹窄等影響加工特性。因而，以薄板高速切斷及高精度切斷為對象。

（2）焦點位置 Z＞0 時

　　因為被加工物表面的寬度擴大，即使在切斷溝內光束仍具有寬廣角度，所以作用在擴大內部切斷溝寬。因而，以輔助氣體使用氧氣之軟鋼的厚板切斷、及縮小非金屬錐度的切斷為對象。

（3）焦點位置 Z＜0 時

　　被加工物表面的寬度擴大，朝向板厚方向的內部，愈接近焦點位置熔融能力愈增加，不過，之後作用在產生反錐度。因而，以輔助氣體使用氮氣或氬氣的無氧化切斷為對象。

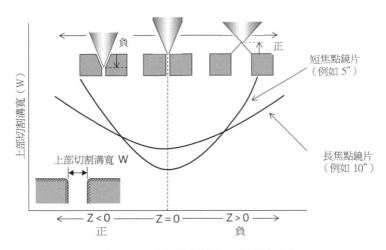

圖 2-2-4 焦點位置和切割溝的關係

焦點位置	特　　徵	適　　用
（1）Z＝0	切割溝寬幅最窄，可以做到高精度加工。	·減少錐度的加工 ·改良面粗度的加工 ·高速度加工 ·減少熱影響的加工 ·微細加工
（2）Z＞0	將切割構下部的寬幅變寬，加強氣體的流動及溶解物的流動性。	·厚板的 CW，高周波脈衝加工 ·壓克力加工 ·刀模的加工 ·磁磚的加工
（3）Z＜0	將切割溝上部的寬幅變寬，加強氣體的流動及溶解物的流動性。	·鋁的氣體切割 ·鋁的氮氣切割 ·不鏽鋼的氣體切割 ·不鏽鋼的氮氣切割 ·鍍鋅鋼板的氣體切割

表 2-2-1 依據加工對象設定焦點位置

2.3 切斷與輔助氣體的種類

以下顯示切斷加工時的輔助氣體種類與適用材質。

（1）氧氣

　　氧氣爲主使用於鋼材的切斷，藉由產生的氧化反應熱使切斷效率大幅提高。此外，即使高反射材料加工中仍然有使切斷部氧化，提高光束吸收率，並提高切斷能力的效果。

・適用材質：一般構造用軋製鋼材、焊接構造用軋製鋼材、機械構造用碳鋼、高張力鋼、工具鋼、不銹鋼、鍍鋼板、銅、銅合金等

（2）氮氣

　　氧氣會在切斷面生成氧化膜，而使用氮氣時可防止產生氧化膜可進行無氧化切斷。無氧化切斷面具有可直接對焊、可塗裝、且耐腐蝕性高等優點。**圖** 2-2-5 顯示以各種輔助氣體切斷之 SUS304 的食鹽水噴霧腐蝕試驗結果。在使用氧氣與空氣的截面上會生銹，而使用氮氣的無氧化切斷的切斷面無變化。

・適用材質：不銹鋼、鍍鋼板、黃銅、鋁、鋁合金等

（3）空氣

　　因爲空氣以壓縮機爲供給源，所以與其他氣體比較，可以說是非常廉價的氣體。雖然空氣中含有約 20%的氧，但是無法期待如純氧的高切斷能力，而具有與氮氣之無氧化切斷同等的切斷能力。雖然截面上產生少許氧化膜，不過不影響切斷面直接塗裝的用途，還可用作防止塗裝膜剝離。**圖** 2-2-6 是以○1 氧氣與○2 空氣切斷的樣品實施塗裝，調查有無剝離的結果。輔助氣體使用氧氣的切斷樣品會引起塗裝膜的剝離，不過以空氣切斷的樣品不致引起剝離。另外，用作輔助氣體的空氣含有油霧或水分時，會污染加工透鏡，所以要特別注意。

・適用材質：鋁、鋁合金、不銹鋼、黃銅、鍍鋼板、一般非金屬等

（4）氬氣

　　惰性氣體的氬氣也使用在焊接及表面改良，不過切斷時用在防止氮化與氧化。與其他加工氣體比較價格昂貴，所以加工成本增加。

・適用材質：鈦、鈦合金等

生鏽	生鏽	沒有生鏽
氧氣補助氣體	補助空氣	氮氣補助氣體

材質・板厚：SUS304・2mm
鹽水噴霧測試：5%NaCl，測試溫度 36℃，測試期間 1 週

圖 2-2-5 對切割面氧化生鏽的影響[9]

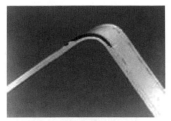

塗層剝離

①使用氧氣的切割樣品塗層

塗層沒有剝離

②使用空氣的切割樣品塗

圖 2-2-6 對塗層剝離的影響

2.4 雷射輸出功率與切斷的關係

　　雷射輸出功率直接關係到被加工物的熔融能力，對於以下所示的要求提高加工能力時，需要增加輸出功率。

①增加切斷速度時

②加工對象板厚大時

③鋁及銅等高反射率材料加工時

④從短焦點透鏡變更為長焦點透鏡時

⑤在被加工物表面設定的焦點位置改變時

（1）截面品質與加工條件的關係係

　　使用之加工條件的輸出是否適當，可從加工後的截面作判斷。**圖** 2-2-7 顯示軟鋼厚板切斷之例。輸出功率大於適當值時，①切斷溝周圍的熱影響（燒傷）大，②邊緣部發生熔損。此外，③切斷面的條痕間距變大，且從上部到下部形成直線狀態。

輸出功率小於適當值時，切斷面下部顯著粗糙，更惡化時切斷溝下部形成疤痕狀態。並且溶渣的附著量增加且強固地附著，而除去困難。

　　輸出功率為適當值時，①切斷溝周圍的熱影響小，②邊緣部發生的熔損少。此外③切斷面上的條痕間距非常細，下部形成對加工進行方向稍緩慢的狀態。

（2）熔融金屬的流動性與加工條件的關係

　　加工條件是否適當的判斷無須等待加工後的切斷面品質確認，即使觀察加工中的火花（從切斷溝下部排出的熔融金屬）仍可確認。切斷中排出的火花狀態受到切斷溝內之熔融金屬的流動性直接影響。如**圖** 2-2-8 所示，從被加工物下排出的火花①是直線，②延遲不算緩慢，③細等表示是適當的加工條件。輸出超出適當值時，在切斷中從被加工物下部排出的火花會出現①擴散，②與切斷的進行反方向延緩，③粗等現象。

　　熔融金屬的流動性與加工條件之關係，即使在不銹鋼的無氧化切斷時仍適用。

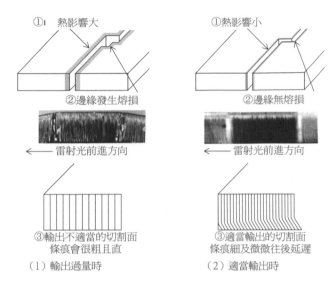

圖 2-2-7　切割面品質和加工條件的關係

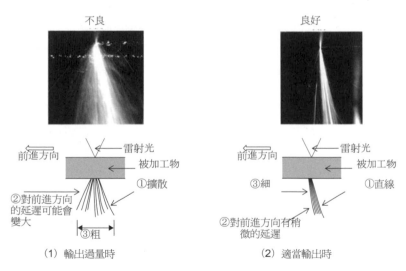

圖 2-2-8　熔融金屬的流動性和加工條件的關係

2.5 雷射切斷時發生的熱影響

雷射切斷時，藉由在切斷溝中生成的熔融金屬，切斷面上昇至被加工物的熔點溫度，當熔融金屬從切斷溝中排出時，熱被加工物的內部吸收而急速冷卻（自行冷卻）。因而，一部分鋼材的切斷面周圍形成淬火狀態，在雷射切斷的部分出鐵或切屑等追加工困難。再者，對切斷面或其周圍進行彎折加工時，也會發生裂紋（龜裂）。因為淬火的硬度依材料的含碳量來決定，所以軟鋼材料的硬度因氧化覆膜而有若干變化，不過基本上不致硬化。但是，碳工具鋼（SK）、合金工具鋼（SKD、SKS）、碳鋼（S45C）等，切斷面周圍會完全硬化（發生硬化層）。此外，這些材料在事前被淬火狀態下進行雷射切斷時，其切斷面附近被回火。

圖 2-2-9 顯示雷射切斷板厚為 6mm 的軟鋼（SS400）與碳工具鋼（SK3），從截面側朝向內部測定板厚中央部硬度的結果。SS400 幾乎不致硬化，而 SK3 在截面附近約為 800Hv 的硬度，變成完全淬火。但是硬化層從截面起約 0.15mm 的位置急遽降低，內部大致為母材硬度。從該現象瞭解，加工面需要淬火處理時，可利用雷射切斷同時進行切斷與淬火加工。

圖 2-2-10 的①顯示 SK3 的切斷溝剖面照片，②顯示板厚上部 Hu、中央部 Hm、下部 Hd 之硬化層（200Hv 以上）從切斷面起的寬度。硬化層在切斷溝左右大致均等發生，從板厚上部至下部硬化層寬度從 0.02mm 增加到 0.3mm。此因雷射切斷時，發生切斷溝內之熔融金屬從上部朝向下部的流動性，愈是板厚的下部，其高溫狀態的熔融金屬在切斷溝內滯留的時間愈長，硬化層愈增加。因而，愈是滯留時間長之板厚大的被加工物，硬化層寬度愈擴大。

此外，硬化層寬度亦依 CW 輸出及脈衝輸出的加工條件而異。需要減少硬化層寬度時，選擇脈衝輸出，進行降低脈衝頻率的設定。

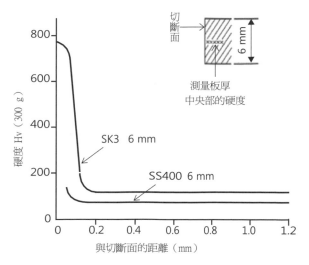

圖 2-2-9 切斷部的硬度

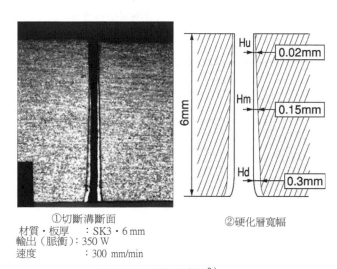

①切斷溝斷面

材質・板厚　：SK3・6 mm
輸出（脈衝）：350 W
速度　　　　：300 mm/min

②硬化層寬幅

圖 2-2-10 硬化層寬幅[9]

2.6 影響雷射切斷性能的材料表面因素

因爲被加工物表面吸收雷射光的光能，而轉換成熱能，爲了穩定轉換，需要注意被加工物表面的狀態。此處就表面狀態容易發生變化的黑鐵材料之 SS400，特別說明氧化覆膜之氧化皮狀態與雷射切斷的關係。

（1）保管之素材的表面狀態

在雷射切斷前需要確認表面氧化皮的粗度是否小且均勻？氧化皮是否剝落？是否生銹？有無附著塗料等污垢等？

圖 2-2-11 顯示板厚爲 19mm 之 SS400 中氧化皮表面粗度與雷射切斷性能的關係。使雷射切斷條件的輸出與加工速度變化進行切斷，表示各條件下的截面品質。將可良好切斷的加工條件範圍作爲加工條件餘裕度。圖中以○表示切斷品質良好的條件，△表示切斷面發生損傷或溶渣的切斷品質稍微不良的條件，×表示燒傷。△也記載發生損傷或浮渣的狀態。愈是氧化皮表面粗度良好的材料，加工條件的餘裕度愈寬，加工後的切斷面粗度愈佳。

（2）採購之被加工物的表面狀態

對於預定進行雷射切斷的厚板材料，先確認過去有無切斷實績成效很重要。特別是 SS400因爲並無材料成分的詳細規定，且各製造商的材料成分不同，所以需要分別調整加工條件。**圖** 2-2-12 的①是對國內主要製造商的 SS400，就板厚 12mm 與 16mm 分析碳與錳量的結果，這些差異也關係到雷射切斷品質的差。此外，進口材料的成分範圍差異更大，更需要調整加工條件。**圖** 2-2-12 的②顯示不同製造商的材料表面放大照片。有些材料除了表面氧化皮粗度的差異之外，還會發生切斷中氧化皮剝落或氧化皮產生裂紋。這些現象對雷射光的吸收狀態影響很大，且左右加工的穩定性。雷射切斷時需要盡量選擇平滑而均勻的表面狀態，且氧化皮與素材的密合性高之材料。

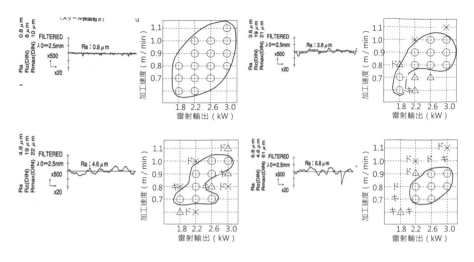

○品質良好　ド△溶損　キ△損傷　×燒傷

圖 2-2-11　材質表面氧化皮粗糙度及加工條件餘裕度的關係

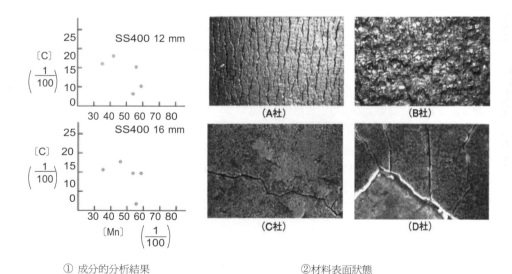

① 成分的分析結果　　　　　　　　　②材料表面狀態

圖 2-2-12　國內材料廠的 SS400

2.7 與其他加工方法比較 光能密度的差異

（1）光能密度的比較

表 2-2-2 顯示各種熱加工法加工時的光能密度比較。雷射光的聚光點的光能密度比氣體熔斷時氧－乙炔焰高約 3 萬倍，比氬弧高約 7 千倍，比電漿弧高約 1 千倍。雷射加工除了該高光能密度與微小點徑的特性之外，由於屬於光的特性，因此具有其他加工方法所沒有的優異加工能力。

（2）加工材質、板厚與加工範圍的比較

圖 2-2-13 的①顯示以材質與維氏硬度整理加工對象，利用轉塔式沖孔機切斷與雷射切斷可加工的範圍。②與③顯示黑鐵與不銹鋼可切斷的板厚範圍。利用模具加工的轉塔式沖孔機可加工的範圍為硬度約 20~200Hv，而雷射切斷不受硬度限制，幾乎全部工業用材料皆可加工。除硬度之外，材料熔點對雷射切斷的影響也小，就連高熔點金屬之鉬及鎢亦可切斷。此外，由於雷射切斷屬於非接觸加工，因此板厚小的例如箔材料，在切斷中不致施加外力仍可良好加工。即使對於非金屬材料，藉由考慮雷射光的吸收特性選擇適當波長的雷射光，可進行高效率的切斷。不過，由於具有光的特性，因此雷射光吸收率低的加工對象，可加工的板厚及加工速度會降低。

（3）切斷溝形狀的比較

圖 2-2-14 顯示藉由氣體熔斷、電漿切斷、雷射切斷對板厚為 16mm 的 SS400 進行加工時的切斷溝寬比較。氣體熔斷與電漿切斷時，上部與下部的切斷溝寬擴大，同時產生大的錐度。形成寬的切斷溝寬意味著該部分產生的熱量增加，熱對被加工物的影響也增加。能顯著顯示該加工特性的是可加工的最小孔徑能力及邊緣的加工品質。

圖 2-2-15 顯示各種加工方法可對板厚為 12mm 之 SS400 進行加工的最小孔徑與利用雷射的切斷結果。氣體熔斷的最小孔徑為 16mm，電漿切斷的最小孔徑為 12mm，而雷射切斷的孔徑可進行相當於板厚 12mm 之 1／4 的直徑 3mm 之孔加工。此外，圖中顯示如加工樣品的角度為 60°之邊緣加工，也可進行良好切斷，尖端無熔化情形。

熱源	光能密度（kW/cm²）
氧－乙炔焰	～3
氬弧（200 A）	～15
電漿弧	50～100
雷射光	10^4～10^6

表 2-2-2　熱加工法的比較

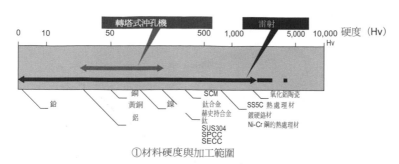

①材料硬度與加工範圍

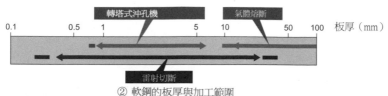

② 軟鋼的板厚與加工範圍

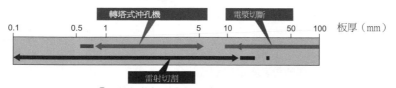

③不鏽鋼的板厚與加工範圍

圖 2-2-13　加工材質・板厚和加工範圍的比較

材質・板厚：SS400・16 mm

圖 2-2-14　切斷溝形狀的比較

（4）加工品質的比較

圖 2-2-16 顯示電漿切斷與雷射切斷之邊緣加工品質的比較。被加工物為板厚 16mm 的軟鋼與板厚 12mm 的不銹鋼，分別從 90 度（直角）的角度切斷，並分別從表面與背面拍攝照片。背面幾乎都沒有附著溶渣，但是電漿切斷產生大的圓弧角（Corner-R）。雷射切斷則形成小的圓弧角。

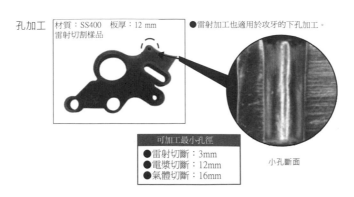

圖 2-2-15　加工徑的比較

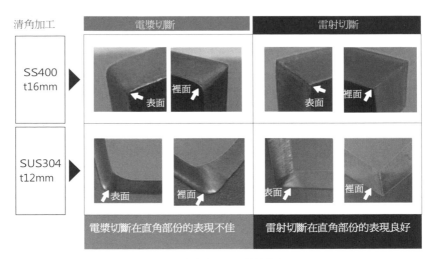

圖 2-2-16　邊角加工品質的比較

第 3 章

焊接與熱處理的基礎

3.1 雷射焊接的機制

　　以高能密度將聚光於微小點徑之雷射光應用在焊接的雷射焊接法，作爲一種高速度低變形焊接方法而受到矚目。藉由將雷射光的聚光部形成約 106W／cm2 的高能密度從照射的金屬面產生高壓金屬蒸汽，如**圖** 2-3-1 所示，在熔融金屬中形成小孔。該小孔內吸收雷射光的光能，將熱能傳達到周圍，進行壁面熔融的小孔型焊接。小孔型焊接可進行焊透深度 P 與焊道寬 W 之比率的縱橫尺寸比 P／W 變大的深焊接。此外，P/2 的焊道寬 W'從表面焊道寬 W 減少的少也是低變形焊接的原因。

　　雷射輸出比較小的加工條件、及利用聚光性差之光束特性的加工，成爲不形成小孔的熱傳導型焊接，其焊深比較淺。切斷是使用活化氣體，提高氧化之雷射光的吸收，利用氧化反應熱，及使用高壓氣體的條件謀求加工能力的大幅提高。但是，焊接是使用惰性氣體不使熔融部氧化而加工，以及爲了防止焊接瑕疵而需要低氣體壓力條件，其加工機制與切斷有很大差異。

因爲雷射焊接是高能密度，且採取急速加熱與急速冷卻的熔融凝固形態，所以高熔點材料或熔點及熱傳導率不同之不同種類金屬材料的焊接，也比其他焊接方法較容易進行。

　　圖 2-3-2 是比較 TIG 焊接與雷射焊接的溶融深度形狀結果。被加工物是板厚爲 1.5mm 的 SUS304，且爲對接焊接部的截面比較。TIG 焊接時上部的焊道寬達到板厚的 2 倍程度，下部的焊道寬急速減少。而雷射焊接的焊道寬爲板厚的 1／2 以下，從上部至下部形成大致同寬的平行焊道。**圖** 2-3-3 是將板厚 1.5mm 的 SUS304 以 200×100mm 的形狀對接焊，比較 TIG 焊接與雷射焊接的熱變形（中央部的翹曲量）結果。加工檢驗時，爲了確認變形的變動，而焊接 6 個樣品取得資料。雷射焊接時，焊接前後的變形量大致相同，且可進行幾乎接近無變形的焊接。另外，TIG 焊接時，發生約爲雷射焊接 10 倍的變形量。

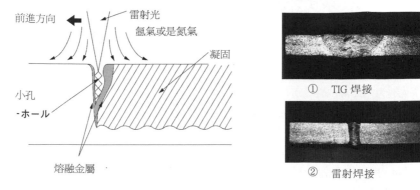

圖 2-3-1 雷射焊接的現象　　　　圖 2-3-2 TIG 焊接和雷射焊接的比較

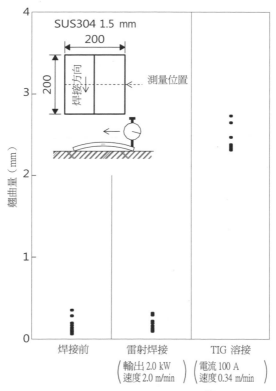

圖 2-3-3 熱變形的測量結果[9]

3.2 射束聚光特性與焊接特性的關係

（1） 焦點位置

　　將聚光光束的焦點位置設定在被加工物的哪個位置？是獲得要求之溶融深度的重大因素。**圖** 2-3-4 顯示焦點位置與產生小孔的關係。①的 Z＞0 是在被加工物表面的照射雷射光之光能密度降低，限制小孔的產生，成為熱傳導型的焊道，且焊透深度變淺。②的 Z＝0 是在被加工物表面的光能密度雖高，但是隨著小孔朝向板厚內部進展，小孔底部從聚光點徑位置離開，所以光能密度降低。③的 Z＜0 是配合小孔的進展，小孔底部接近焦點點徑位置而光能密度增加。

一般而言，設定大輸出功率或低速度之加工條件可充分確保在被加工物表面的光能密度狀態，當 Z＜0 時焊接特性提高。藉由小輸出功率或高速度之加工條件設定在被加工物表面光能密度不足狀態下，Z＝0 時焊接特性提高。**圖** 2-3-5 的①是確認顯示輸出功率為 1kW 之低輸出的焊接特性之產生底層界限的速度條件結果，在 Z＝0 附近獲得最高速條件。此外，②是確認輸出為 3kW 與 5kW 之大輸出功率的焊接深度結果，Z＜0 時焊接深度變深。

（2）聚光光學系統的焦點距離

　　圖 2-3-6 顯示加工透鏡之焦點距離與焊透特性的關係。①為輸出功率大之 5kW 的加工結果，②是輸出功率比較小之 1.5~2.5kW 的加工結果。一般而言，因為短焦點距離的光學系統聚光光束直徑小，焦點深度淺；長焦點距離的光學系統聚光光束直徑大，焦點深度深，所以雷射焊接時需要依輸出功率及速度條件選擇最佳的光學系統。在①的高輸出功率條件下，高速度時利用短焦點透鏡，低速度時利用長焦點透鏡，則焊接深度增加。在②的低輸出功率條件下，利用短焦點透鏡則焊透增加。

以短焦點透鏡的規格使加工特性提高，是針對低輸出功率條件且需要高能密度的高速度條件等熱傳導型焊接。另外，以長焦點透鏡的規格使加工特性提高，是在高輸出功率條件且速度比較慢的小開孔溶融形焊接的情況。

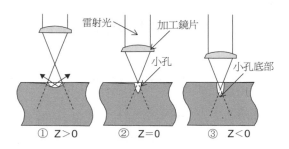

圖 2-3-4 焦點位置和焊接特性

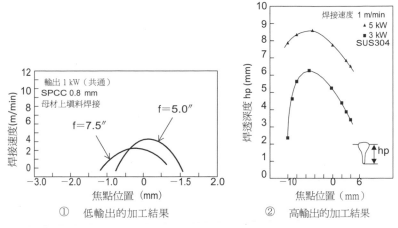

① 低輸出的加工結果

② 高輸出的加工結果

圖 2-3-5 焦點位置和輸出的關係

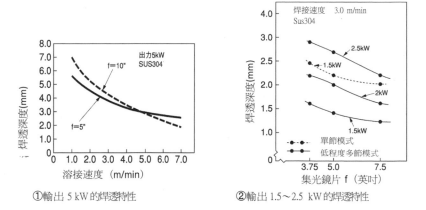

①輸出 5 kW 的焊透特性

②輸出 1.5～2.5 kW 的焊透特性

圖 2-3-6 焦點位置和加工鏡片焦點距離的關係

3.3 雷射焊接的接頭形狀與能力評估

以下說明進行雷射焊接的焊接接頭、與雷射焊接特有之焊道的評估方法。

（1）焊接接頭的種類

圖 2-3-7 顯示進行雷射焊接的接頭例。選擇焊接接頭時需要考慮各種條件來決定。因為雷射光聚光於微小的點徑，所以特徵是局部加熱的低變形加工，相反的，因為焊接部狹窄，所以需要特別注意接頭精度。

①對接接頭

　　將進行焊接的母材在大致相同面內對接的接頭。以電弧焊接厚板時設置坡口進行焊接，不過雷射則幾乎不設開先斜口。對接面有縫隙時，由於雷射光通過而無法熔融，因此此時採用底部止板或利用段差的接頭。

②搭接接頭

　　將材料上下重疊的焊接。搭接接頭的焊接不致發生對接焊接時產生的縫隙。因此沒有填補開放的縫隙、及在該處對準的定位等以對接接頭施工上的重大問題。是在雷射焊接中想積極採用的焊接接頭。

③角落接頭

　　在大致直角相交的兩個平面角落（隅）進行焊接，且為結合兩個部件之面的焊接。接頭部形狀複雜，承受拉伸負荷時會產生應力集中，所以強度比對接接頭差。

④板端面接頭

　　將兩片或兩片以上要焊接的母材，在大致平行地排列並重疊端面狀態下，焊接重疊之母材端面側的焊接接頭。

⑤喇叭管接頭

　　進行在圓弧與圓弧（例如板彎曲加工的各曲面或管各外面等）、或圓弧與直線形成開先斜口形狀之焊接的焊接接頭。

（2）　雷射焊接的能力評估

雷射焊接能力的評估項目包括：**圖 2-3-8** 所示在被加工物表面的焊道寬 W、焊透深度 P、在焊透深度 1／2 的焊道寬 W'、縱橫尺寸比 P/W 等。貫穿焊接除了上述之外，在背面的焊道寬 W"等也成為能力評估的對象。

這些評估因素由要求加工對象的強度來決定規格，並依加工條件及被加工物的物性而變化。再者，焊接長度長的時候，也考慮品質受到熱透鏡效應的影響而變化，也需要對開始加工部及結束部比較前述的評估項目。

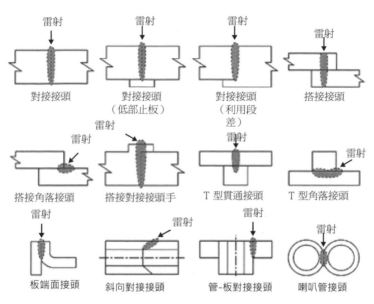

圖 2-3-7 雷射焊接的代表性接頭形狀

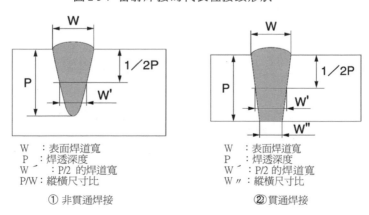

W ：表面焊道寬
P ：焊透深度
W′：P/2 的焊道寬
P/W：縱橫尺寸比

① 非貫通焊接

W ：表面焊道寬
P ：焊透深度
W′：P/2 的焊道寬
W″：縱橫尺寸比

② 貫通焊接

圖 2-3-8 焊接能力的評估因素

3.4 雷射焊接瑕疵的種類

圖 2-3-9 顯示雷射焊接時發生的焊接瑕疵型式。

（1）過切

在焊道與被加工物的邊界連續發生之凹部稱為過切。在該過切部分應力容易集中，造成疲勞強度不足。發生的原因為焊接速度、保護氣體流量、保護氣體的對準位置等不適當。

（2）凹陷

縫隙大的焊接接頭因熔融金屬無法掩埋空間，在靠近正面或背面的焊道中間部會產生凹陷。鋁及其合金貫穿焊接時，熔融金屬下降，也容易在表面側發生凹陷。

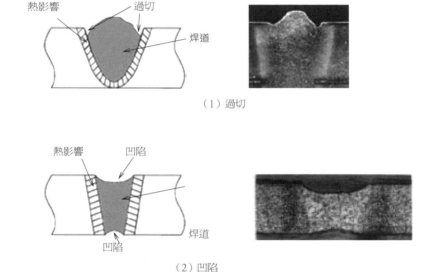

（1）過切

（2）凹陷

圖 2-3-9 焊接瑕疵例（1）

（3）氣孔、孔隙率、凹坑

金屬焊接中，一氧化碳、氮、氫等氣體在熔融池中成為氣泡而殘留即稱為氣孔或孔隙率。發生原因為雜質附著於被加工物表面、金屬蒸汽為高壓、熔融池的搖動作用等。此外，相同原因所發生的氣泡出現在焊道表面附近者，也稱為凹坑。

（4）焊接裂紋

鋁合金或合金鋼從熔融而凝固時會發生裂紋。在焊接焊道中央部及焊接終端部產生低熔點雜質的釋出，在該部分凝固時收縮應力集中所發生的裂紋稱為凝固裂紋。即使是碳鋼，若碳含量多時也會發生凝固裂紋。

（5）駝峰

以極端高速度焊接流動性差的材料時，焊道的表面粗糙產生駝峰現象。與良好焊道表面比較，也有的變成像疤痕的面。

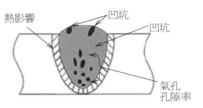

（3）氣孔、孔隙率、凹坑

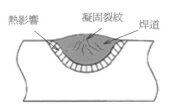
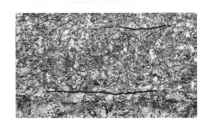

（4）焊接裂紋

圖 2-3-9　焊接瑕疵例（2）

（6）**對準偏差**

對作為目標的瞄準線 A，實際的瞄準線 B 偏移者稱為對準偏差。產生對準偏差時，發生融合不良，無法獲得要求強度。

（7）**噴濺**

焊接時，從熔融池高速飛散的金屬粒子稱為飛濺。發生原因為○1 因光能密度過高而發生強大作用，○2 介於材料內部的雜質、表面附著物或鍍鋅的燃燒氣體等。該噴濺的金屬粒子大時，會熔敷在母材表面，或附著在加工透鏡、保護鏡片、拋物面反射鏡，造成加工狀態不良

（8）**弧坑**

發生在焊道終端部的凹部稱為弧坑。弧坑的發生原因為對熔融池（溶解池）凝固緩慢，熔融金屬被引誘至凝固側而形成凹部。該弧坑部也有因材料種類或焊接條件等而發生裂紋的情況。

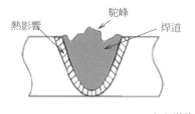 

（5）駝峰

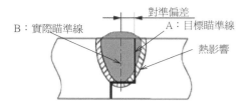 

（6）對準偏差

圖 2-3-9　焊接瑕疵例（3）

（9）熱變形

　　因焊接時發生的熱產生膨脹及收縮應力，變成熱變形。對焊接線方向發生於直角方向的變形稱為橫向變形（橫向收縮），發生在與焊接線相同方向的變形稱為縱向變形（縱向收縮）。減少該熱變形的方法包括：①儘量減少熱量輸入（高速度焊接）；②完全貫穿焊接；③採用縮小表面收縮應力與背面收縮應力之差的焊道形狀等。

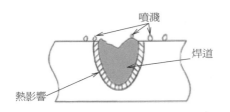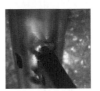

（7）噴濺

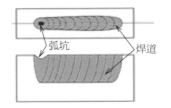

（8）弧坑

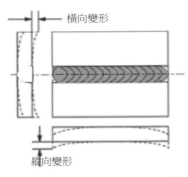

（9）熱變形

圖 2-3-9　焊接瑕疵例（4）

3.5 平板在對接接頭中的注意事項

因為雷射光聚光於微小點徑，所以具有局部加熱之低變形加工的特徵，相反的，因為焊接部狹窄所以需要特別注意對接頭精度。以下說明關於雷射焊接之對接頭的注意事項。

（1）切斷方法與容許縫隙寬（對接接頭）的關係

因為對接接頭的接合面精度容易因板厚、材質、要求品質等而變化，所以需要嚴格管理。

圖 2-3-10 顯示對板厚為 0.15mm 之不銹鋼，以雷射進行對焊時各種切斷方法與最大容許縫隙寬的關係。圖中的①顯示以機械加工切削剪床之截面的垂角面；②顯示單剪床之切斷面；③顯示雙剪床之切斷面；④顯示雷射切斷之面。並顯示對接各種切斷方法之截面時的縫隙精度、及可對焊的最大容許縫隙。剪床切斷的面超出容許範圍時可能產生焊接不良，而雷射切斷可確保與機械加工同等的縫隙精度，可顯示出焊接不良的情況比較少。

（2）對接精度的影響

因為**圖** 2-3-11 顯示的因素會影響雷射焊接品質，所以需要注意對接接頭。

①對接部的縫隙

　容許縫隙依板厚而變化。

　　・板厚 t（mm）為 1 mm 以上時：$g \leq \sqrt{t} / 10$

　　・板厚 t（mm）小於 1 mm 時：$g \leq t / 10$

　不過，皆使用「掃瞄裝置」及「送線裝置」時，可改善縫隙的容許裕度。

②對接部的不規則（階差）

　不規則 σ 以板厚 t（mm）/5 以下為標準。

③對接部的瞄準位置偏差

　雷射光的照射位置與縫隙中心位置的瞄準位置偏差 L 以 0.1mm 以下為標準。

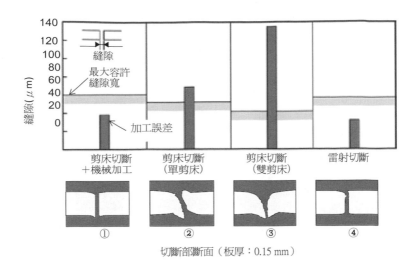

圖 2-3-10　切斷方法及最大容許縫隙寬

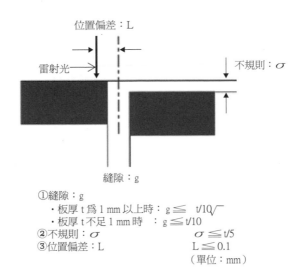

①縫隙：g
　・板厚 t 為 1 mm 以上時：g ≦ $t/10\sqrt{}$
　・板厚 t 不足 1 mm 時　：g ≦ t/10
②不規則：σ　　　　　　　　σ ≦ t/5
③位置偏差：L　　　　　　　L ≦ 0.1
　　　　　　　　　　　　　（單位：mm）

圖 2-3-11　對接接頭部的容許誤差

3.6 嵌合零件在對接接頭中的注意事項

　　嵌合構造與單純的對接接頭不同，因爲應力及定位精度會影響焊接，所以需要注意圖 2-3-12 所示。

（1）壓入部分的圓周焊接

　　一般而言，0‧013～0‧025mm的縫隙是在「壓配」狀態下固定的焊接。「壓配」不適當時，採用以淺焊透的臨時焊接固定成同心圓後，進行正式焊接的方法。

（2）部分焊透的圓周焊接

　　因爲部分焊透的焊接形成楔形焊道，所以容易產生角度變化。可在焊接位置設逃溝，而獲得接近平行焊道的焊透形狀。但是，限制大的接頭及施加高應力的用途上，需要避免部分焊透。

（3）嵌合精度差的對焊

　　對接接頭是使用段差，形成在對接底部接受雷射光的構造。但是，施加高應力的接頭無法使用段差。此外，對象零件儘量避免銳角，需要帶倒角面或圓角，以提高零件的組合（密合）精度。

（4）圓棒及管的對焊

　　對接接頭中施加低應力時，或是內面不宜產生焊道時等，宜採用段差接頭。

（5）段差接頭的焊接

　　段差焊接時爲了調節焊接部的橫向收縮，需要設 0.15mm 程度的縫隙。

（6）有密閉空間的焊接

　　有密閉空間的零件焊接時，務必設通氣孔（排氣孔）。通氣孔用作焊接時生成物的排出。

（7）其他

①對接接頭使用金屬襯板時採用同一金屬。不宜使用冶金性與母材不同的材料。
②要求高應力，特別是耐疲勞強度的部分不宜使用搭接接頭。

③使用搭接接頭時，需要完全密合，板間不得有縫隙。

④薄板須儘量使用搭接接頭。

⑤剪床切斷之原始面因爲縫隙管理困難，所以不建議進行對焊。

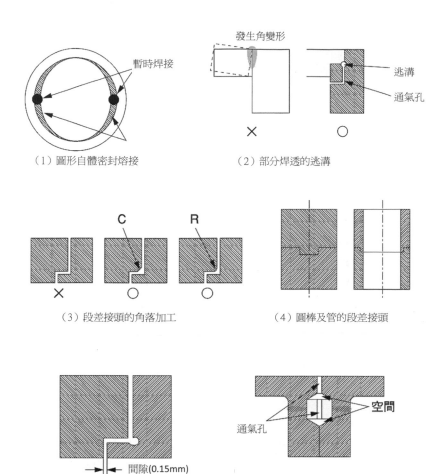

（1）圖形自體密封熔接　　　　　（2）部分焊透的逃溝

（3）段差接頭的角落加工　　　　　（4）圓棒及管的段差接頭

（5）段差接頭的縫隙　　　　　　　（6）通氣孔（排氣孔）

圖 2-3-12　接頭的工藝

3.7 雷射表面改良的機制

　　利用雷射改良表面時，由於可自由控制雷射光的光能密度，以及可對被加工物局部加工等，因此可進行熱量輸入少的高精度加工。此處就比較早期就希望實用化的表面淬火，說明其原理與加工特性。

　　利用雷射光進行表面淬火，如**圖 2-3-13** 所示，是以雷射光將被加工物表面局部加熱，加熱部分冷卻的原理是熱急速傳導至被加工物內的自行冷卻。被加工物表面的雷射光吸收率低時，會在表面塗布吸收劑。表面改良層的變化藉由雷射光的照射，從①加熱初期變成②加熱終期狀態，當雷射光通過時變成③自行冷卻的狀態。因而，為了提高淬火速度及淬火層深且均勻，需要注意以下事項。

①雷射光的強度分配須均勻

②光能強度須在被加工物表面最大但不致熔融的範圍內

③被加工物表面須有高的光束吸收率

④被加工物須具有自行冷卻所需的足夠容積（板厚）

⑤被加工物具有冶金性硬化的物性

　　雷射光的強度分布不均勻時，不但造成硬化層不均勻，而且也會發生表面熔融。因而，也會使用光高速掃瞄（Scanning）雷射光，使光束模式之強度分布均勻化的裝置。

　　圖 2-3-14 顯示 S45C 光束掃瞄方式的雷射淬火與高頻淬火的硬度分布比較。在被加工物表面雷射淬火與高周波淬火的硬度大致相等。

　　圖 2-3-15 顯示雷射淬火層截面的橫方向硬度分布。硬度測定是從被加工物表面起 0.2mm（測定部 A）與 0.5mm（測定部 B）的兩處位置進行。測定部 A 與 B 的中央部硬度皆約為 800Hv，不過淬火層兩端與母材的邊界附近硬度稍高。在該邊界變化的硬度分布也是由於雷射加工特有的自行冷卻作用。亦即，因為藉由照射雷射光而產生之熱朝向被加工物內部冷卻的自行冷卻，在邊界層附近的冷卻速度更大，所以使硬度提高。

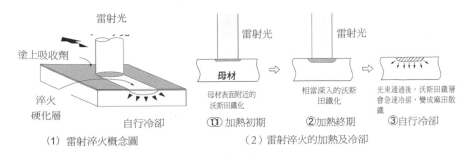

（1）雷射淬火概念圖　　　　　　　　（2）雷射淬火的加熱及冷卻

圖 2-3-13　雷射表面淬火的現象

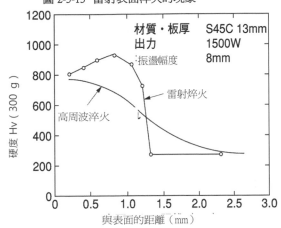

圖 2-3-14　硬度分的比較

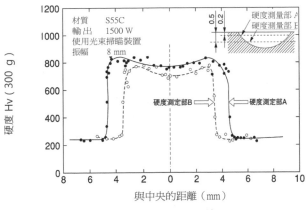

圖 2-3-15　硬度的變化[9]

3.8 藉雷射改良表面的種類

（1）淬火

照射雷射光的部分引起奧氏體沃斯田鐵轉變，雷射通過後藉自行冷卻而驟冷，引起馬氏體麻田散鐵轉變而硬化。為了使熱擴散到被加工物內部而冷卻，被加工物需要有足夠的容積（板厚）。此外，因為表面對雷射光的吸收特性左右淬火性能，所以主要採用波長比二氧化碳雷射短且吸收特性佳的半導體雷射或光纖雷射。

（2）表面熔融（冷硬化）

是以雷射光直接熔融被加工物表面的加工法，特別是鑄鐵零件很早即檢討應用雷射加工。冷硬鑄件是利用模具處理整個被加工物的方法，不過雷射加工可僅在一部分進行冷硬化。

整個大面積進行加工時，雷射光照射部重疊的部分會發生裂紋。大面積的冷硬化，並非形成連續的加工層，而須形成防止重疊的間歇性加工層。

（3）增厚（增層）

在被加工物表面層熔融添加材料而覆蓋的增層中，因為雷射加工可局部提供高能密度，所以稀釋率的控制性提高。利用雷射的增層方法包括：粉末供給法與粉末靜置法兩種方法。

與利用電漿熱源的加工方法比較，其特徵為：可適用高熔點的添加材料，可達到10%程度的低稀釋率、低熱變形等。

（4）合金化

合金化是藉由雷射照射使被加工物熔融，並供給其他合金元素，而在表面層形成新的組織層。合金化時雷射光的條件與淬火時不同，是以高能密度的雷射光使添加材料與被加工物瞬間熔融混合。

合金化的問題是形成之合金層的組織不均勻，及合金層發生多孔及裂紋。其因應對策包括雷射光掃瞄條件的最佳化、及防止加工工程與添加材料的氧化等。

（5）沖擊硬化（Peening）

是利用超短脈衝雷射照射而蒸發處理的機械性、物理性材料加工法。使藉由水中的雷射沖擊振動而發生在金屬表面的高壓電漿能轉換成對金屬內部的撞擊波能，以該壓力引起金屬表面的殘留應力及加工硬化。在核能產業及航空產業中用在防止應力腐蝕裂紋及疲勞破壞。

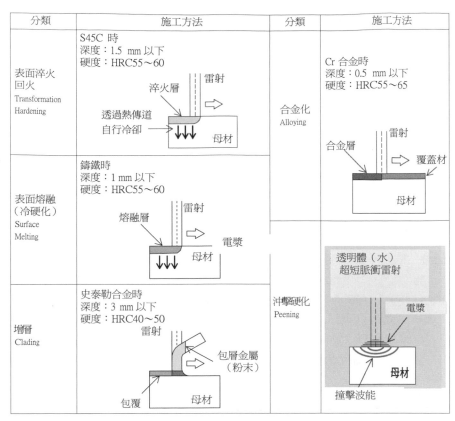

分類	施工方法	分類	施工方法
表面淬火回火 Transformation Hardening	S45C 時 深度：1.5 mm 以下 硬度：HRC55～60	合金化 Alloying	Cr 合金時 深度：0.5 mm 以下 硬度：HRC55～65
表面熔融 （冷硬化） Surface Melting	鑄鐵時 深度：1 mm 以下 硬度：HRC55～60	沖擊硬化 Peening	
增層 Clading	史泰勒合金時 深度：3 mm 以下 硬度：HRC40～50		

圖 2-3-16 雷射表面處理的種類及施工方法

3.9 雷射淬火層幅度擴大的問題

　　雷射光的照射幅度（淬火幅度）擴大時，需要符合其處理面積擴大的大輸出功率發振器，所以可一次處理的加工範圍受到限制。亦即，大面積需要一次淬火的加工物，成為不利於雷射加工的對象。

　　要求大範圍淬火時，如**圖 2-3-17** 的（1）所示，對寬幅度 H 以相鄰的方式配置 1 條焊道（Pass）的淬火幅度 h，重疊幅度 a 反覆進行（①～④）淬火，以檢討擴大淬火層幅度。

　　但是，一般而言，將一次淬火而硬化之層再加熱時，會變成回火。雷射淬火層幅度擴大時重疊的範圍在產生回火的區域，導致硬度降低。**圖 2-3-17** 的（2）顯示使用板厚為 13mm 的 SK3，將 8mm 的射束寬重疊 2mm 而淬火時的硬度分布。在從被加工物表面深達 0.2mm 的位置進行硬度測定的評估，並在橫方向測定硬度。最初加工之未重疊位置的最大硬度約為 Hv800，而重疊部的硬度降低到約一半的 Hv 400。

　　此外，隨著加工進行，未重疊位置的最大硬度也有逐漸降低（Hv800→Hv700）的情況。這是因為連續加工時不斷對加工部周圍蓄熱，自行冷卻效果降低的現象。需要重疊加工時，須利用從外部的冷卻彌補自行冷卻的作用，或是不進行重疊連續加工，而檢討加工順序設定冷卻時間。

　　需要以雷射廣範圍淬火加工時，須儘量減少該重疊部，講求雷射光的照射型式。基本上雷射淬火時以 1 趟加工處理為理想。

　　淬火速度高速化也有問題。切斷及焊接時，藉由雷射輸出的高輸出化可使加工速度高速化，不過需要考慮淬火時在被加工物內的熱傳導速度。亦即，高輸出且高速度的加工條件無法獲得足夠的淬火深度，被加工物表面容易發生熔融。雷射淬火時需要比較低的輸出功率且設定低速度的條件。

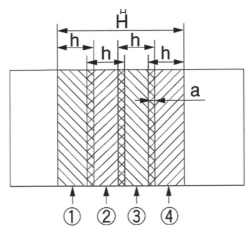

H：要求淬火寬幅
h ：1 條焊道的淬火寬幅
a ：重疊部位

（1）硬化層寬幅的擴大

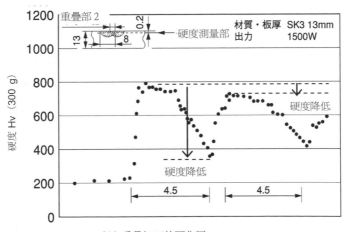

（2）重疊加工的硬化層

圖 2-3-17 硬化層擴大的課題[9]

參考文獻

1）安達肇　建設機器應用雷射加工　焊接學會論文集，200　第 19 卷（2001）第 1 号
2）村上祐一　厚板以雷射切斷時關於殘留應力狀態的研究　電氣通信大學研究所　2012 年度　碩士論文
3）金岡優　圖解雷射加工的實務第 2 版　ＣO2＆光纖雷射作業要點　日刊工業報社(2013)，P118
4）川口勳　雷射、電弧混合焊接技術的現狀與今後的課題　IIC　REVIEW　No042　10 月号 2009，P49
5）水戶岡豊等　使用插入材之不同材料間的雷射接合技術開發　雷射加工學會誌、16（2009），136-140.
6）新井武二　利用雷射的高分子材料表面功能化　2015 年度精密工學會春季大會學術演講會演講論文集，681-682
7）小林憲輔　「雷射疊層模具的開發技術與案例」型技術，No.6　Vol.30　(2015)，日刊工業報社，P038
8）最近的吸收資料，中野 ALEC，JWES，　LMP 委員會，　2000LPM-本-09
9）金岡優　「機械加工現場診斷系列 7 雷射加工」　日刊工業報社（1999）

著者簡歷

1983 年　　北海道大學研究所碩士課程修完

1983 年　　進入三菱電機（股份有限公司），任職該公司名古屋製作所

1993 年　　學位（工學博士）

1997 年　　該公司雷射系統部加工技術課長

2000 年　　該公司雷射系統部品質保證課長

2002 年　　該公司 GOS 集團經理

2013 年～　該公司產業機電事業部主管技師長

　　　　　　這段期間也歷任名古屋大學兼任講師與光產業創成研究所大學兼任講師。

主要著作

「機械加工現場診斷系列　－雷射加工－」（日刊工業報）1999 年

「圖解雷射加工實務　－作業要點與故障排除－」（日刊工業報）2007 年

「圖解雷射加工實務　－ＣＯ2＆光纖雷射作業要點－」（日刊工業報）2013 年

等。